木梁裂纹形成机理与损伤模式识别

涂郡成 著

The formation Mechanism of Cracks in Wooden Beams and the Identification of Damage Patterns

化学工业出版社
·北京·

内容简介

本书以声发射（AE）和数字图像相关（DIC）两种先进无损检测技术为基础，论述了作者近年结合这两种技术对木材裂纹从萌生到宏观扩展的全过程原位监测研究成果：将 AE/DIC 技术与损伤断裂力学相结合，通过实验与理论结合方式，建立了基于内聚力模型的杉木裂纹损伤演化本构曲线，并利用 HILBERT-HUANG 变换实现了对不同细观损伤模式的识别与区分，最终构建了一套声光力学耦合的木材裂纹损伤监测与评价系统。

本书可供土木工程、林业工程、材料科学与工程、工程力学等领域的工程师、科学技术人员与高等院校师生参考使用。

图书在版编目（CIP）数据

木梁裂纹形成机理与损伤模式识别 / 涂郡成著. 北京：化学工业出版社，2026. 2. -- ISBN 978-7-122-49842-7

Ⅰ. TU366. 2

中国国家版本馆 CIP 数据核字第 2026J4U381 号

责任编辑：严春晖　张海丽
责任校对：宋　玮　　　　装帧设计：刘丽华

出版发行：化学工业出版社
（北京市东城区青年湖南街 13 号　邮政编码 100011）
印　　装：北京建宏印刷有限公司
710mm×1000mm　1/16　印张 7¼　彩插 1　字数 139 千字
2026 年 3 月北京第 1 版第 1 次印刷

购书咨询：010-64518888　　售后服务：010-64518899
网　　址：http://www.cip.com.cn
凡购买本书，如有缺损质量问题，本社销售中心负责调换。

定　　价：98.00 元

前言

木材，作为一种优秀的绿色可再生资源，凭借其独特的高比强度、环境亲和性和卓越的碳汇能力，在现代土木工程结构领域与历史文化遗产保护中始终具有不可替代的重要地位。然而，木结构在长期服役过程中，其固有的强非均质性、各向异性与复杂的外部环境 (如湿热循环、荷载作用) 叠加，导致裂纹损伤成为威胁其结构安全性、长期耐久性与功能性持续发挥的核心问题。木材内部微裂纹的萌生、扩展和聚合，是导致构件强度退化乃至发生突发性断裂失效的主要诱因，因此，开发一套实时、精准、高效、多尺度的无损检测 (NDT) 与健康评估技术，对于保障重大木结构工程安全和文化遗产的永续传承，具有重要的理论意义和紧迫的工程应用价值。

传统的木材损伤检测方法，如超声波、电阻法或局部应变测量，往往只能提供宏观的定性描述或局部的应变信息，难以捕捉裂纹从微米级萌生到宏观扩展的全过程演化，更无法实现原位、全场的定量化监测。为了突破这一局限，本书创新性地提出并实践了一种声光力学耦合的集成检测方案：将两种具有高度互补性的无损检测技术，即对损伤敏感、具备整体监测能力的声发射 (AE) 技术，与能够提供全场高精度位移应变信息的数字图像相关 (DIC) 技术进行有机结合，应用于木材裂纹损伤全过程的监测研究。

在内容上，本书深度聚焦木材裂纹损伤的“宏观监测—力学建模—细观识别”三位一体研究体系。在宏观监测层面，详细介绍了 AE 和 DIC 集成技术在木材裂纹萌生与扩展行为监测中的实验方法、多源特征参数提取及其损伤规律的协同分析。在力学建模层面，利用全场应变数据校核断裂力学中的经典参数，同时结合内聚力模型定量描述了裂纹损伤演化的材料本构关系，并提供了可操作的数值模拟和程序实现思路。在细观识别层面，超越了传统的宏观损伤表征，引入 HILBERT-HUANG 变换 (HHT) 等信号处理方法，结合电子显微镜观测对声发射信号进行深度解析和时频域分析，旨在建立起声学信号特征与木材细观断裂模式（如木纤维拔出、基质开裂等）之间的内在关联，从而实现对不同破坏机理的精准识别和分类。

本书的最终目标是构建一套基于声光力学耦合信息的木材裂纹损伤监测与评价系统，为木结构构件的全生命周期健康评估、损伤预警和无损维护提供系统、可靠的理论基础和实用的技术手段。全书内容设置遵循严密的逻辑递进关系，旨在确保读者能够系统、全面地掌握木材裂纹损伤研究的前沿理论、实验技术和工程应用。

学术探索，道阻且长。书中疏漏和不足之处在所难免，诚恳欢迎广大读者、专家和同仁不吝赐教，批评指正，以期不断完善和提高。

著者

2025 年 8 月

目录

1

绪论

1.1 研究背景和意义

无损检测技术作为一种非破坏性检测手段已被广泛应用于航空航天、机械制造、食品加工、特种设备检测等领域。近年来，随着人类社会对低碳环保材料的需求不断提高，木质结构在国内的应用迅速发展，对于木构件的损伤检测和维护工作日益受到各工业领域和研究学者的关注。因此，将无损检测技术与木构件损伤检测相结合已成为新的趋势。目前，无损检测技术在木质材料健康检测的应用范围已经从传统的工业产品质量检测拓展到木构件安全性与稳定性评估等方面，尤其是对于极具历史文化价值的木质文物（图 1.1）的健康监测，多种先进无损检测技术与智能检测相融合能够为精准识别木材损伤并作出定量化分析提供更加高效的手段。

随着木材无损检测在人类生活中重要性和应用广度的不断升级，研究木质结构在环境和外载荷作用下的损伤机理和损伤演化行为将越来越重要。对于木构件而言，断裂失效是木结构在服役期间最危险的破坏形式，在没有及时检测和维护的情况下很有可能造成严重的事故。常见的可能引起木材强度下降的木构件损伤包括裂纹、孔洞、粉化、糟朽等，而大量研究表明，在木材中微裂纹的萌生、扩展是导致木构件断裂失效的主要原因（王丽宇，鹿振友，2002；费本华，张东升，2003；孙艳玲等，2010；邵卓平，2009；Luimes & Suiker，2021）。如图 1.2 所示，微裂纹在交变载荷的作用下，进一步发展为宏观缺陷（裂隙、开裂、翘曲等），而宏观缺陷的存在极大地降低了木构件的可靠性和稳定性，是直接导致灾难性事故发生的重要因素。因此，研究木构件的裂纹损伤机理及无损检测方法，对木构件的安全性和稳定性评估具有重要意义。

此外，木材作为一种非均质生物材料，其自身所具备的特殊细微观结构以及

图 1.1　木质结构

图 1.2　含裂纹木构件损伤劣化
从左至右依次为：裂隙、开裂、翘曲

天然缺陷对于研究其力学特性和损伤机理具有一定的干扰。因此，除了研究木构件裂纹的宏观损伤演化行为以外，从细微观角度了解导致木构件损伤的破坏机理也十分重要。例如：木材管胞的排列方向，细胞之间的间隙，细胞壁屈曲、纹孔等，这些内部微结构的机械变形以及初始缺陷的传播劣化会共同导致木构件的断裂失效。木构件的裂纹宏观损伤主要包含裂纹萌生和裂纹扩展，其中对于裂纹萌生的精准检测是防微杜渐的第一步，也是关键一步。除此以外，对裂纹扩展的动态监测也是实时评估木构件健康寿命的必要途径。所以，融合多种无损检测方法来深入研究表征木材裂纹萌生与扩展行为的特征参数及其规律，确定控制裂纹损伤演化的材料本构模型，并结合木材细观尺度下不同损伤类型的显微观测，建立木材裂纹损伤与声光力学特性的内在联系，精准分析含裂纹木构件的裂纹形成机理和细观损伤类型，将为含裂纹木质建筑以及木构件的健康评估与无损检测提供一定理论依据。

为此，国内外研究人员已经对木材断裂开展了几十年的研究，目前原位监测木材裂纹损伤的实验手段有限，已有的研究常采用监测手段有光学显微镜（邵卓平，2009；赵鹏等，2021）、图像处理方法（林兰英，何盛，2014；杨滨等，2022）以及传统的应变仪、各种位移和力传感器等，这些技术只能定性地表征木材的微观结构变化和裂纹形态，它们难以提供原位定量应力/应变信息和其他详细的损伤特征，导致无法进行含裂纹木构件的损伤界面力学性能的研究。因此，迫切需要开发一种实时可靠的实验方法来原位监测含裂纹木材断裂的微观破坏过程，并直接提供裂纹萌生和扩展状态的评价标准。为实现这一目标，在测试过程中成功监测微裂纹的萌生、扩展以及裂纹尖端完整/局部的应变变化对理解复杂的失效机理和优化设计至关重要。

众所周知，数字图像相关（DIC）法通过跟踪试件表面上的一些随机散斑图案来测量应变场，特别适用于连续检测微/纳米级变形（Choi et al.，1991；Yates et al.，2014）。声发射（AE）技术作为一种被动的无损监测技术，依赖于材料在经受应变时通过固体材料传播的应力波，通过 AE 信号参数分析能够简单、快速地获取声发射源特征和材料状态（张志研，2009；Strojecki et al.，2012）。目前，在木材科学领域中，DIC 方法已经被用于测量木材在弯曲过程中产生的弹性模量（Hu et al.，2015；Nagai et al.，2011）、拉伸应变（Nagai et al.，2011）、由含水率引起的湿应变（Keunecke et al.，2012）、木材断裂韧性（王丽宇等，2002）等，AE 技术被用于研究木材的蠕变破坏（Beall et al.，2002）、木材损伤定位（Aicher et al.，2001；Diakhate et al.，2017）、木材干燥的声发射过程（Booker et al.，1994；丁小康，2012）以及计算木材断裂能（Ardalany et al.，2012）等，但是，由于 DIC 方法只能表征试件表面的损伤过程，而 AE 技术对木材断裂损伤演化与声发射信号的时空演变特性之间的关系的研究（邵卓平等，2009；Diakhate et al.，2017）是以定性为主，两者缺乏对含裂纹木构件在载荷作用下整体损伤情况的定量评估和实时预测。因此，如何将二者的优点有机结合，弥补彼此的不足，是材料科学工程领域研究的热点问题之一。国内外综合应用 DIC 和 AE 技术监测岩石（Zhang et al.，2015；Lu et al.，2019）、复合材料（Farhidzadeh et al.，2014；Wildemann et al.，2015）损伤演化的相关研究表明：AE 技术在监测材料整体的累计损伤方面具有很高的灵敏度，能够在材料表面产生宏观应变之前检测到材料内部的微损伤。可见，AE 技术能够弥补 DIC 方法的不足，而 DIC 方法能够对材料表面的全场变形进行分析，并在宏观上对应变大小分布、应变定位的时间和位置进行评价。

基于以上研究背景和技术调研，本书基于 AE 和 DIC 技术建立一套针对木构件裂纹损伤的无损检测方法和健康评价体系，开展杉木裂纹损伤机理和细观损伤模式识别方法的研究，为含裂纹木构件的裂纹损伤演化监测及其健康评估提供理论和实践依据，对于木质建筑以及珍贵木构件的保存与维护具有重要的理论和应用价值。

本书采用现代杉木作为试验材料。从宏观角度，基于 AE 和 DIC 技术对含裂纹杉木试件在外载荷作用下的裂纹演变进行了监测，采用声发射参数分析方法分析了木试件内部微裂纹萌生及失稳扩展的声发射特征，同时根据数字图像分析木试件表面裂纹尖端区域的位移应变场特征，进一步验证声发射参数分析法对含裂纹木构件损伤演变的预判，实验结果为研究含裂纹木构件在载荷作用下的微裂纹萌生和扩展规律提供依据。除此之外，结合内聚力双线性软化本构模型对杉木裂纹损伤演化过程进行特征参数测定试验研究，确定了杉木裂纹损伤演化本构曲线，为进一步采用有限元方法模拟杉木裂纹萌生和扩展过程提供了理论依据；从细微观角度，基于声发射技术、HILBERT-HUANG 分析方法和扫描电子显微镜技术研究杉木裂纹损伤演化过程中不同细观损伤模式的形成与识别，确定并验证了基于声信号特征参数识别单一损伤模式的判定依据。最终构建了基于声光力学耦合的杉木裂纹损伤演化的监测和评价系统，实现以杉木原材料为代表的木构件裂纹损伤检测和健康评估。

1.2 国内外研究现状

1.2.1 木材裂纹损伤的无损检测

木材以其环境效益著称，广泛应用于土木工程结构，如木桥和工业建筑。作为天然材料，木材容易产生裂纹。在使用寿命的可持续性方面，建设性系统必须考虑到裂纹扩展对木材元素完整性的风险。木结构中裂纹的萌生和扩展已成为木材科学领域的一个热门话题（Smith et al.，2003；Stanzl-Tschegg et al.，1995；Wang et al.，2019）。从宏观角度来看，木材通常被认为是圆柱形正交各向异性材料。这种受材料特性、木材纹理方向和环境条件限制的断裂行为的可变性可能会限制木结构的应用（Kollmann，Côté，1968；Riahia et al.，2016；Schachner et al.，2000）。研究表明，当具有 LT 型裂纹的木材断裂时，裂纹不会在初始方向上扩展，而是在纤维方向上扩展（King et al.，1999；Schachner et al.，2000）。此外，真实木结构中的裂纹通常是隐蔽的，因此并不总是能够测量可见的裂纹扩展面积，这增加了对具有内部隐藏裂纹的木结构构件的裂纹扩展的监测难度，也给评估具有内部裂纹的木结构建筑的损伤带来了挑战。如果早期能检测到裂纹的产生，并监测材料内部的裂纹增长，就可以有效地评估建筑物的结构安全性和稳定性（Krause et al.，2015）。

基于这些考虑，在监测含裂纹的木质构件的结构损伤演化时，关键问题是准确地检测和跟踪结构损伤的裂纹扩展。众所周知，断裂过程区和裂纹张开位移（COD）是表征脆性材料在拉伸载荷下的断裂损伤行为的重要参数（Reiterer et al.，2002；Watanabe et al.，2011）。木材被认为是一种准脆性材料（Coureau et al.，2013），裂纹尖端的断裂处理区（FPZ）包含大量分布的微裂纹，其力学行为相当复杂（Morel，et al.，2010）。FPZ 的大小（长度和宽度）可以有效地反映材料的断裂特征（Murata et al.，2011），如断裂韧性和断裂能（Yoshihara，Satoh，2009）；同时对于边界效应模式的分析，也有很好的应用（Hu，Duan，2007），可用于结合临界裂纹长度评估裂纹的性质（Dai et al.，2017）。然而，在较小的尺度上要准确地获得上述实验信息，仅仅依靠那些常规的应变计和各种位移和力传感器是非常困难和不方便的。目前，一些先进的实验技术被应用于监测裂纹萌生和扩展的研究中。扫描电子显微镜用于测量混凝土梁中 FPZ 的大小（Hadjab et al.，2007）。此外，电子散斑干涉仪还可以测量混凝土梁试件在加载时的 FPZ（Haggerty et al.，2010）。然而，这些方法的局限性在于难以原位监测裂纹损伤特征，难以提供定量的应力/应变信息来动态监测准脆性断裂的损伤演化并确定断裂过程区域。先进的热成像方法也可通过分析外表面用来监控裂纹扩展（Barile et al.，2015；Kordatos，et al.，2012）。当裂缝不可见时，它可以精确地监测裂缝的位置（Kordatos et al.，2012），但其局限性是热成像技术只能在裂纹尖端周围的温度足够高时才能工作（Barile et al.，2015）。因此，迫切需要发展一种实时、高效的实验方法来监测含裂纹木结构的动态破坏过程，直接为监测提供裂纹萌生和扩展的判据。

出于结构损伤检测的目的，非破坏性无损检测技术受到相当大的关注，因为它们可以在不改变或破坏其用途的情况下检查材料内部结构损伤的特征。如今，一些科学工作提出了无损检测方法，以定义裂纹尖端周围的机械状态。我们以图像分析方法为例，结合数字图像相关（DIC）技术有助于实现这一目标，因为 DIC 方法可以通过动态捕捉表面图像来获得样品的全场增量位移，并且它一般对环境噪声不敏感（Gencturk et al.，2014；Sciammarella et al.，2012；Pop et al.，2011；Duboi et al.，2012），这是确定位移场的可靠方法。实际上，DIC 方法在检测单轴压缩下砂岩的损伤和断裂行为方面已经取得了令人满意的实验结果（Song，et al.，2013；Zhou，et al.，2012）。通过跟踪裂缝尖端附近的水平位移变化，它还被用于估计混合断裂模式下混凝土裂缝的断裂过程区尺寸（Nizolek et al.，2017）。但考虑到 DIC 方法只能测量样品表面的位移场，无法排除损伤是否由内部物质引起的，所以超出了捕获范围。作为一种补充措施，声发射（AE）技术可以提供材料内部损伤演化的实时和高灵敏度信息（Clerc, et al.，2019；Manterola，et al.，2020），它还可以用于研究裂纹扩展监测的概率改进（Diakhate et al.，2017a）。一些关于木结构的文献涉及检测、定位和识别损坏，以预测早期损坏（Baensch et al.，2015；Diakhate，et al.，2017b）。这些损坏可能是由变形、裂纹产生、衰减或缺陷引起的。此外，声能和断裂能之间的关系也可以推导出来（Lamy et al.，2015；Zhao et al.，2020）。在实际应用中，木结构中的裂缝很可能隐藏在材料内部或不可观察的位置。如果声发射信号和数字图像相关方法之间的关系能够被成功地建立（如声发射参数和裂纹延伸长度的相关性），那么就有可能评估材料内裂纹的产生和扩展，并在看不见裂纹的情况下确定断裂过程区域的大小。以此为目标，本书综合运用DIC和AE技术，研究了杉木在受到外界载荷作用下含裂纹木构件变形的破坏过程和断裂特征。

1.2.2 声发射技术在木材无损检测中的应用

近年来，声发射技术作为无损检测方法在木质材料的损伤检测中得到很多学者的关注，相关文献综述印证了AE在木材和木质材料的无损检测研究中的潜力（Nasir et al.，2022）。前人采用AE进行木材的断裂分析，讨论了各种损伤机理和不同加载测试，包括Ⅰ型断裂行为、剪切断裂、准静态拉伸试验、静态三点弯曲试验、静态和疲劳扭转载荷等。Landis 和 Whittaker（2000）将Ⅰ型裂纹在木材中传播所释放的能量与所采集到的AE能量进行了比较，比较结果显示出良好的相关性。Reiterer 等（2002）也进行了采用AE监测相关劈裂测试下对软木和硬木的Ⅰ型断裂行为的研究，所测得的AE参数包括累积计数、幅度和频谱。结果表明，软木直到达到峰值载荷之前其AE计数要比硬木高得多，因此得出结论：由于软木相较于硬木具备更大的延展性，因此在断裂过程中形成了包含更多微裂纹的断裂过程区。除此之外，在累积AE计数和振幅的结果中可以看出，木材宏观裂纹萌生和传播的差异是明显可见的。

Berg 和 Gradin（2000）通过对木材压缩过程中进行声发射监测来研究其断裂过程，并特别强调了AE参数对温度、水分含量、应变和载荷方向的依赖性。结果表明，弹性模量、抗压强度和AE事件的累积数均随温度升高而降低。

Aicher 等（2001）提出了通过AE技术来追踪在垂直于纤维方向的张力下加载的云杉中的损伤演变。在木板横截面上的二维爆破声源位置对AE信号的完整波形进行记录，由6个同时触发的多个共振纵波传感器监控。在测试过程中，在最大载荷的80%～90%范围内获得了一个明显的爆破位置，这与脆性破坏时理论上断裂面的最大应力区域相吻合。此外，AE事件计数率与整体应变之间的相关性使得追踪损伤的演变成为可能，尤其是在狭窄区域内观察到AE事件时更能体现。

Ando 等（2006）通过比较 AE 的特征和在扫描电子显微镜（SEM）下观察到的断裂表面，系统分析了微观剪切断裂的过程，目的是了解旧木材的变形和断裂特征。这些结果表明，在低负荷水平下，在旧木材中 AE 事件次数比在新木材中更大。此外，旧木材中产生小振幅声发射试件的时间比新木材更长。

Chen 等（2006）采用 AE 监测静态和疲劳扭转载荷下硬木和软木试件的破坏过程。在静态扭转测试中，最大载荷之前的声学活动表明，在硬木和软木均出现可见裂纹之前，发生了一些微裂纹萌生，通过显微镜观察证实了这一发现。在测试过程中，硬木产生的 AE 数量要多于软木，并且试件的纹理角度影响了总 AE 数量。在扭转疲劳断裂过程中，增加的声活动表明开始出现微裂纹。如果扭转角超过最小值，疲劳断裂的试样在断裂过程中产生的总 AE 计数要多于静态试样。

Brunner 等（2006）对用 AE 监测的两种不同类型的层压木材标本进行了准静态拉伸试验。各种 AE 信号参数都表明累积 AE 呈指数增长，并且观察到 AE 速率曲线随时间或负载的变化。这种指数增长的时间常数取决于材料，这与在类似的拉伸载荷条件下，各种玻璃纤维增强的聚合物基复合材料试样的 AE 速率行为相似。

为了获得杉木的断裂韧性的基本参数，Ohuchi 等（2011）进行了杉木断裂韧性测试，其中包括：6 种类型的紧凑拉伸（CT）试样（RL、TL、LT、RT、LR 和 TR），不同的载荷方向以及考虑到各向异性的裂纹扩展。记录在测试期间产生的 AE 信号，并且研究断裂韧性与 AE 信号的对应关系。结果表明，平均 AE 信号的峰值进入了 TR 试样的断裂过程，并且与后期木材部分在裂缝中前进的位置相对应。因此，AET 是一种有前途的工具，可用于检测 TR 标本中晚期木质部分的断裂过程。

Svobodova 和 Svoboda（2012）在利用 AE 评估木质材料损伤过程方面进行了实验工作。针对 3 种针叶木标本，施加了各种类型的机械载荷（三点弯曲试验、CT 标本测量和销钉受力）。研究发现，木材种类（冷杉、云杉和松树）显示了不同的材料特征，这与 AE 活性水平相对应。此外，至少可以通过两通道自动曝光系统检测木材试样中局部裂纹的位置。

Varner 等（2012）对确定木材样本在静态弯曲测试过程中产生的 AE 信号来源进行了研究。木材结构、木材破坏行为的信息以及静态弯曲试验的有限元方法（FEM）模拟均用于估计单个 AE 源的功率。样品的两个关键区域预计会产生强大的声发射源：在上部中央支撑下的部分（在整个弯曲试验过程中），以及在以较低基线为中心的样品受拉部分（在最终断裂时间）。

赵亓（2020）对无疵和含缺陷杉木在动态载荷作用下的损伤演化的 AE 信号规律进行了试验研究，结果表明：AE 振铃计数可以作为表征木材损伤演化规律的特征参量。同时，根据 AE 信号在木材中的衰减特性，研究了频率、距离、纹理角度对 AE 信号衰减的影响，建立了杉木损伤源 AE 信号强度估计方法。

综上所述，AE 技术以其高灵敏度和整体性的特点在木材无损检测方面得到较好应用。但目前的研究主要集中于木材断裂的损伤类型判断、损伤定位，以定性分析为主，还未建立木材断裂过程区域发展特征与声发射信号之间的定量化关系。除此以外，目前的 AE 监测侧重关注与木材宏观断裂损伤以及木材干燥相关的 AE 参数与波形特征，而对于木材细微观损伤的 AE 参数定性以及定量化分析还缺乏系统科学的研究。

1.2.3 数字图像相关法在木材无损检测中的应用

数字图像相关法作为一种非接触式光学无损检测（位移、应变）方法，具有测量精度高、设备简单、全场测量的特点（Gencturk et al.，2014；姚洁香等，2022），于 20 世纪 80 年代被 Peter 和 Yamaguchi 提出，在众多学者的研究和完善下，目前在材料科学领域已经得到了较为成熟的应用（金观昌，2003；潘兵，2007；Pan et al.，2009；李得睿等，2022）。其中，在木材无损检测方面的应用主要包括木材常规力学性能测试、木材断裂力学研究以及木基复合材料的强度等力学特性表征（Ostapska & Malo，2021）。Agrawal（1989）最初采用 DIC 方法研究了木材在受压作用下的抗弯蠕变，结果表明，DIC 能够有效跟踪并测量木材表面的变形，这成为应用 DIC 方法测量木材力学参数的开端。此后，国内外学者利用 DIC 方法在测量木材泊松比、弹性模量、剪切模量以及木材断裂行为研究方面取得了丰富的研究成果。Zink 等（1997）借助 DIC 方法来测量在载荷作用下黄杨木不同纤维方向的泊松比和应变，结果表明载荷越大轴向和弦向泊松比越小，轴向应变呈增大趋势。Jeong 等（2008）研究了加载速率和试件厚度对于应用 DIC 方法测量木材力学参数结果测量精度的影响，试验结果为达到最佳 DIC 测量效果时试件厚度和加载速率的确定提供了一定依据。徐曼琼等（2003）同时用电测法和 DIC 方法测量火炬松抗压弹性模量，二者结果对比误差在 1%～7%范围内，验证了 DIC 方法的可行性。龚翠志等（2008）联合 DIC 方法与扫描电镜技术对鱼鳞云杉在 LR、TR 方向的断裂行为进行的研究，深度揭示了木材在细微观结构断裂损伤机理和力学性能。温宇鑫（2020）结合 DIC 方法开展了海洋出水木材含水率场检测方法的研究，并成功建立了杉木湿应力场本构模型。以上研究说明，DIC 方法在测量木材表面变形具有良好的适用性，且测量结果可靠，为本研究基于 DIC 方法研究杉木裂纹损伤演化过程提供了科学基础。

木材是典型的正交各向异性材料，具有三个方向的材料对称性：L（沿树干的纵向方向）、R（年轮的径向方向）和 T（与年轮的切向方向），沿 L 方向的 I

型断裂是木结构最重要的失效模式（Watanabe et al.，2011；De Moura et al.，2018）。作为准脆性材料，木材裂纹损伤最显著的特征是在裂纹尖端前方具有断裂过程区（FPZ）。FPZ是无牵引力裂纹尖端前面的区域，该区域分布许多微裂纹，其机械行为（如应力变换）非常复杂。FPZ尺寸（长度和宽度）能够反映材料的断裂特性，例如断裂韧性（Reiterer et al.，2002）和断裂能量（Yoshihara & Satoh，2009；De Moura et al.，2008）。因此，确定FPZ演化过程对于解释木材裂纹损伤过程至关重要（Hu & Duan，2007；Dai et al.，2017）。到目前为止，研究人员已经使用了许多直接方法来确定准脆性裂缝的裂纹扩展和FPZ尺寸，例如AE法（Alam et al.，2014）、激光全息法（Cai & Liu，2009）、斑点干涉测量法（Lin et al.，2009）以及DIC方法（Yu et al.，2019）。如前文所述，DIC方法在简单的实验制备中可以获得木材表面的全场位移增量，并且在一般情况下对环境噪声不敏感（Gencturk et al.，2014）。它可以通过跟踪加载过程中木材表面上的同源点来获得表面位移。此外，由于具有高质量的数字散斑图像和良好的相关算法，DIC结果可靠且准确。因此，与其他方法相比，DIC在木材裂纹损伤监测研究具有一定的优越性。近年来，应用DIC在断裂损伤研究中已经取得了一些成果。例如，Yates等（2010）采用DIC方法量化裂纹尖端位移场并计算应力强度因子。Lin等（2013）根据裂缝尖端前方的位移等值线确定了砂岩的临界裂缝开口位移和FPZ长度。Dong等（2017）通过跟踪裂缝尖端周围的水平位移变化来估计混凝土中混合模态裂缝的FPZ尺寸。

基于木材裂纹损伤的特点和DIC方法的优越性，本书中的研究利用DIC技术分析木材裂纹扩展的位移应变场和FPZ尺寸。此外，将FPZ的演化与等效线弹性裂纹进行了比较，以说明两个裂缝参数的物理意义，进一步分析木材裂纹形成机理和演化过程。综上所述，国内外科学家对于单独应用AE和DIC进行木材力学的研究有较丰富的成果，这些成果均是本书的重要参照。但同时使用AE和DIC的实验研究较少且未应用于木材损伤过程方面的监测上，说明本研究具有一定的前瞻性。

1.2.4 木材断裂力学与内聚力模型

自Porter于1964年发表第一篇关于木材断裂力学的论文以来，将断裂力学的概念应用到木质材料上的分析和研究已经得到深入的发展，各国学者在这方面做了大量工作，应用领域也由木构件的安全性评价延伸至木材加工制作等诸多领域（Attack et al.，1961；Porter，1964；Boyd，1973；Schniewind et al.，1971，1973；Valentin & Morlier，1982；Petterson & Bodig，1983；Tschegg，1986；Gustafsson，1985，1988；Bostrom，1994；Valentin et al.，1991；

Aicher et al.，1992，1993，1998；Stanzl-Tschegg et al.，1994，1995，1997；Zinketal，1994，1995；Renaudetal，1996；Gibson & Ashby，1997；Tschegg et al.，2001；Sippola & Fruhmann，2002；Cotterell，2002；Reiterer & Sinn，2002；Vasic & Stanzl-Tschegg，2005，2007；Nairn，2006；Vasic et al.，2002；Stanzl-Tschegg，2007；Nairn，2007a，b，c；Hofstetter et al.，2007；赵艳华等，2017；Sebera et al.，2020）。

线性弹性断裂力学（LEFM）理论认为，在可以确定应力场的固体中确实存在尖锐的裂纹尖端。尽管弹性解决方案可以预测裂纹尖端处的有限应力，但是实际材料会遭受破坏，并且会产生屈服现象，从而避免实际发生这种情况。尽管线弹性应力-裂纹的开裂关系已经被用来描述铸铁或玻璃等材料的破裂，但它们几乎无法很好地适用于存在增韧机制的材料（如木材）（Bazant & Planas，1989；邵卓平等，2002）。增韧机制影响断裂行为的程度决定了LEFM是否可以应用于某种材料。木材的破坏是由诸如在主裂纹扩展之前的微裂纹和裂纹桥接等破坏机制造成的。这些机制发生在裂纹尖端的前沿，在裂尖前沿一段长度/体积区域上形成断裂过程区域（FPZ）。此外，在木材的FPZ中，微裂纹和裂纹桥接现象主要发生在塑性阶段。因此，木材的宏观断裂行为可以被认为是与砂浆、混凝土或岩石之类相同的准脆性行为（Bazant & Planas，1998；Morel et al.，2005）。木材的准脆性断裂行为不能应用线性弹性断裂力学（LEFM），而是要应用非线性断裂力学（NLFM），因此，作为LEFM的一种改进，即等效LEFM，可以对木材的准脆性破坏提供一个有用的近似值。等效LEFM指的是由于FPZ的发展或主裂纹随FPZ的传播而造成的结构柔度的提高，这归因于有效弹性裂纹的传播，即急剧的无牵引裂纹（称为等效线性裂纹）的传播，它具有与FPZ实际裂缝相同的柔度（Bazant & Planas，1998；Torres et al.，2021）。因此，木材的准脆性破坏可以采用R阻力曲线进行估计，该曲线表达了抗裂纹扩展阻力随等效LEFM裂纹长度的变化关系（Morel et al.，2005；Coureau et al.，2016）。

如前所述，由于考虑了发生破坏前木材的局部非线性区域，模拟木材准脆性破坏更合适方法是非线性断裂力学（NLFM）。根据不同的断裂行为，文献中提出了从韧性破坏到脆性破坏的几种模型（Dugdale，1960；Barenblatt，1962；Hillerborg et al.，1976；Bazant，1983；Allix & Ladevèze，1995；王明谦等，2022）。内聚力模型（CZM）是表征准脆性失效的最简单且最有效的NLFM模型。在此基础上，内聚力裂纹是一种虚构的裂缝，能够将应力从一个面传递到另一个面。该模型最早是由Dugdale（1960）和Barenblatt（1962）在20世纪60年代初提出的，研究指出，在裂纹尖端之前存在非线性区域，且将带有塑性区的裂纹看成虚拟裂纹，并在裂纹尖端施加了闭合应力。因此，内聚力裂纹已被广泛用于近似描述多种材料（例如金属、陶瓷、土木材料和纤维增强材料）的裂纹尖端非线性区域的材料性能。在 20 世纪 70 年代，Hillerborg 等（1976）采用了与 Dugdale 和 Barenblatt 相似的方法来模拟混凝土中 FPZ 的效果，观察到了微裂纹和桥连的增韧机制。而有限元分析中的 CZM 思想是采用传递法向应力的零厚度界面来模拟模式Ⅰ失效（Guinea，1995；Courtinho et al.，2003）。在平面应变假设下，它沿着潜在的裂纹路径执行损伤演化本构模型。而木材的裂纹扩展路径具有先验性，它对应于与木纤维平行的方向（Coureau et al.，2006）。对于沿垂直于界面方向局部加载的试样，如果界面通过内聚力单元黏合，其中垂直于界面的应力大小随界面开口位移的函数（单调减小）称为软化函数（Daudeville，1999）。已有的研究表明，陶瓷（Dasgupta et al.，1998）、岩石（Elices et al.，2002；Bazant，2002；Planas et al.，2003）或木材（Boström，1994；Stanzl-Tschegg et al.，1995；Lespine，2007；Dourado et al.，2008；de Moura et al.，2008，2010；Morel et al.，2010，2011）的准脆性破坏需要采用凹面软化模拟，可以通过指数函数或多项式函数来描述软化过程。对此，Petersson（1981）提出了可将凹面近似的双线性应力软化模型用于模拟混凝土的裂纹扩展过程，后来被 Stanzl-Tschegg 等（1995）应用到木材楔形劈裂试验方案中并获得了相应的载荷-位移曲线。

本书根据木材非线弹性断裂力学特性和内聚力模型，基于内聚力双线性软化本构模型对杉木裂纹损伤演化过程进行研究，同时确定杉木内聚力本构模型的特征参数，基于 Fortran 开发用户子程序 VUMAT 实现对内聚力单元本构模型的定义，进一步实现对杉木裂纹损伤演化过程的模拟。本书中的研究为采用有限元方法模拟杉木木构件裂纹损伤演化过程提供理论依据。

1.3 本书研究内容与技术路线

1.3.1 研究内容

本书的总体研究思路如图 1.3 所示。主要以杉木为研究对象，提出基于 AE 技术和 DIC 方法的木材裂纹萌生检测方法，建立了在杉木裂纹扩展行为中 AE 参数和表面位移场的相关函数；在杉木裂纹损伤的等效 LEFM 裂纹和 R 阻力曲线的基础上，确定了基于内聚力双线性软化本构曲线的杉木裂纹损伤演化本构模型，对杉木裂纹演化过程进行有限元模拟；并结合扫描电子显微镜研究杉木裂纹演化过程所产生的细观损伤模式，建立了基于 AE 和 HILBERT-HUANG 变换分析的木材裂纹细观损伤模式识别方法。实现针对木构件裂纹损伤的无损检测及健康评估。具体研究内容如下。

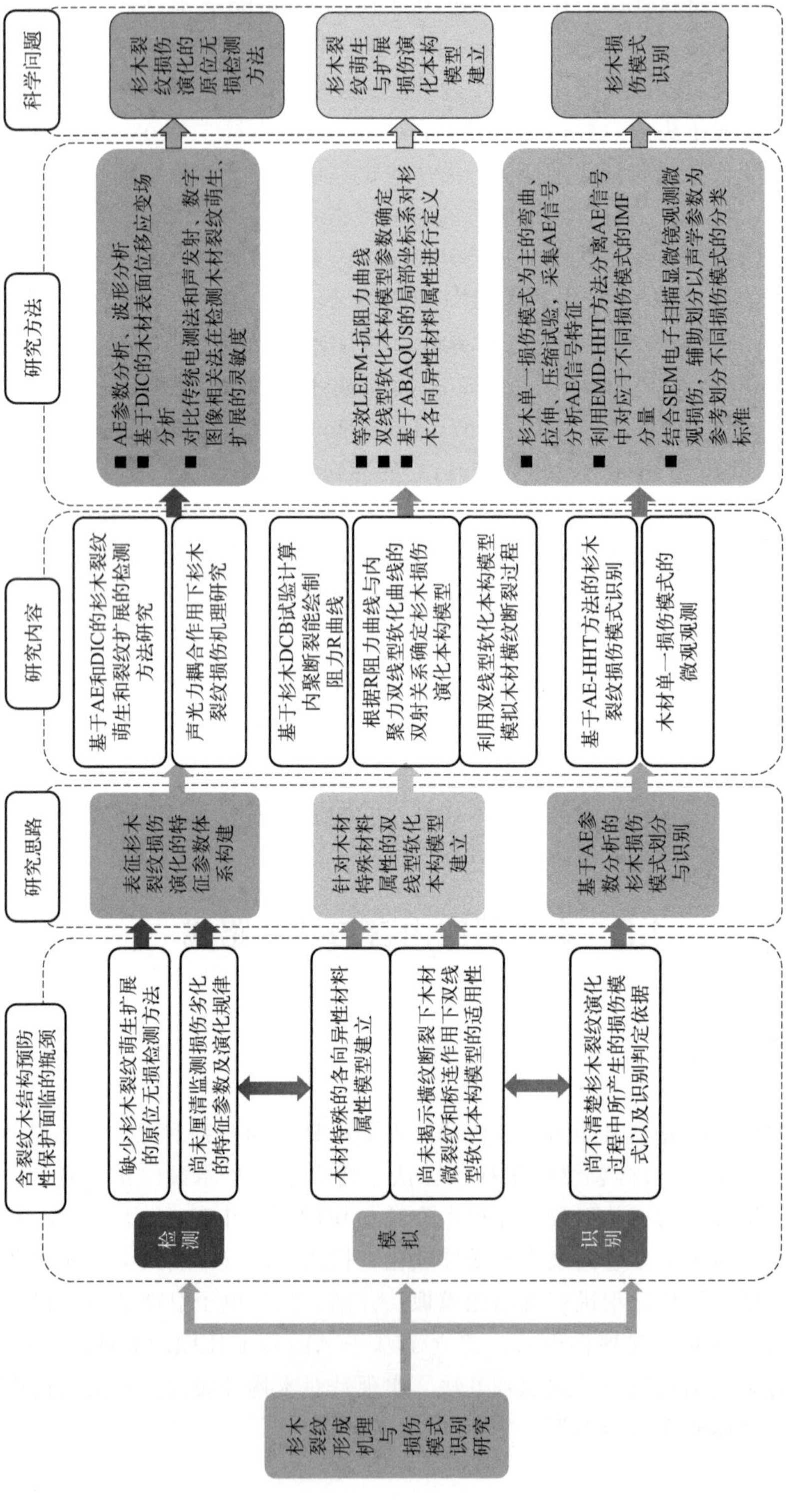
科学问题
杉木裂纹损伤演化的原位无损检测方法
杉木裂纹萌生与扩展损伤演化本构模型建立
杉木损伤模式识别
研究方法
AE参数分析、波形分析
基于DIC的木材表面位移应变场分析
对比传统电测法和声发射、数字图像相关法在检测木材裂纹萌生、扩展的灵敏度
等效LEFM-抗阻力曲线
双线型软化本构模型参数确定
基于ABAQUS的局部坐标系对杉木各向异性材料属性进行定义
杉木单一损伤模式为主的弯曲、拉伸、压缩试验，采集AE信号分析AE信号特征
利用EMD-HHT方法分离AE信号中对应于不同损伤模式的IMF分量
结合SEM电子扫描显微镜观测微观损伤，辅助划分以声学参数为参考划分不同损伤模式的分类标准
研究内容
基于AE和DIC的杉木裂纹萌生和裂纹扩展的检测方法研究
声光力耦合作用下杉木裂纹损伤机理研究
基于杉木DCB试验计算内聚断裂能绘制阻力R曲线
根据R阻力曲线与内聚力双线型软化曲线的双射关系确定杉木损伤演化本构模型
利用双线型软化本构模型模拟木材横纹断裂过程
基于AE-HHT方法的杉木裂纹损伤模式识别
木材单一损伤模式的微观观测
研究思路
表征杉木裂纹损伤演化的特征参数体系构建
针对木材特殊材料属性的双线型软化本构模型建立
基于AE参数分析的杉木损伤模式划分与识别
含裂纹木结构预防性保护面临的瓶颈
缺少杉木裂纹萌生扩展的原位无损检测方法
尚未厘清监测损伤劣化的特征参数及演化规律
木材特殊的各向异性材料属性模型建立
尚未揭示横纹断裂下木材微裂纹和桥连作用下双线型软化本构模型的适用性
尚不清楚杉木裂纹演化过程中所产生的损伤模式以及识别判定依据
检测
模拟
识别
杉木裂纹形成机理与损伤模式识别研究

图 1.3 总体研究思路

① 基于声发射传感器、工业 CCD 相机、电子万能试验机搭建原位监测木材裂纹萌生扩展装置，利用声发射技术、数字图像相关法对含裂纹杉木梁的裂纹萌生进行试验研究。通过对试验加载过程中声发射特征参数及表面应变的变化进行规律分析，探究以声学参数和表面应变场为判据的木材裂纹萌生原位检测方法，实现对木材裂纹萌生的监测和预警。

② 利用声发射技术、数字图像相关法、电测法 3 种方法对含 LT 型裂纹木梁的起裂载荷 P_{ini} 进行试验研究，分析不同缝高比对木梁的力学性能和起裂载荷的影响，同时对比不同检测方法在确定木材起裂载荷上的适用性和精确度，为在实际应用时结合工况选择合适的测量方法提供依据。

③ 利用数字图像相关法对木材表面可视化裂纹扩展进行跟踪测量，研究通过木材表面位移场变化确定木材断裂过程区域的方法，为进一步研究杉木裂纹扩展规律提供技术支撑；探究木材裂纹扩展过程中声发射参数与裂纹扩展区域的联系，建立 AE 参数与 DIC 测量结果的对应关系，为利用声发射技术代替数字图像相关法监测木材隐藏裂纹的扩展提供可能。

④ 基于内聚力双线性软化本构模型对杉木裂纹损伤演化进行有限元模拟。基于杉木 DCB 双悬臂梁试验和 DIC 方法测量木材等效 LEFM 长度、裂纹张开口位移 COD，确定杉木时间的 R 阻力曲线；根据 R 阻力曲线和内聚力双线性软化本构模型的双射关系，确定杉木内聚力双线性软化本构模型特征参数。利用以上研究成果，基于本构模型模拟杉木横纹裂纹损伤演化过程，通过与实际试验结果对比验证本构模型的适用性。

⑤ 结合扫描电子显微镜，基于 AE 波形和 HILBERT-HUANG 变换对不同类型损伤为主导的木材断裂损伤试验进行细观损伤的模式识别研究，从细微观角度研究木材损伤的破坏机理以及不同细观损伤类型的模式识别。试验采用不同纤维方向和加载方式的试样，以可控的方式产生不同类型损伤。在测试期间，特定的损坏类型将可能出现在给定的试样中。通过对测试中采集的 AE 信号进行滤波、去噪、傅里叶变换等后处理和分析，得到与特定细观损伤类型相关的声发射特性，EMD 和 HHT 变换用于分离和识别复合信号中的单一损伤类型。

1.3.2 技术路线

对木梁裂纹形成机理与细观损伤模式进行识别研究的技术路线如图 1.4 所示。

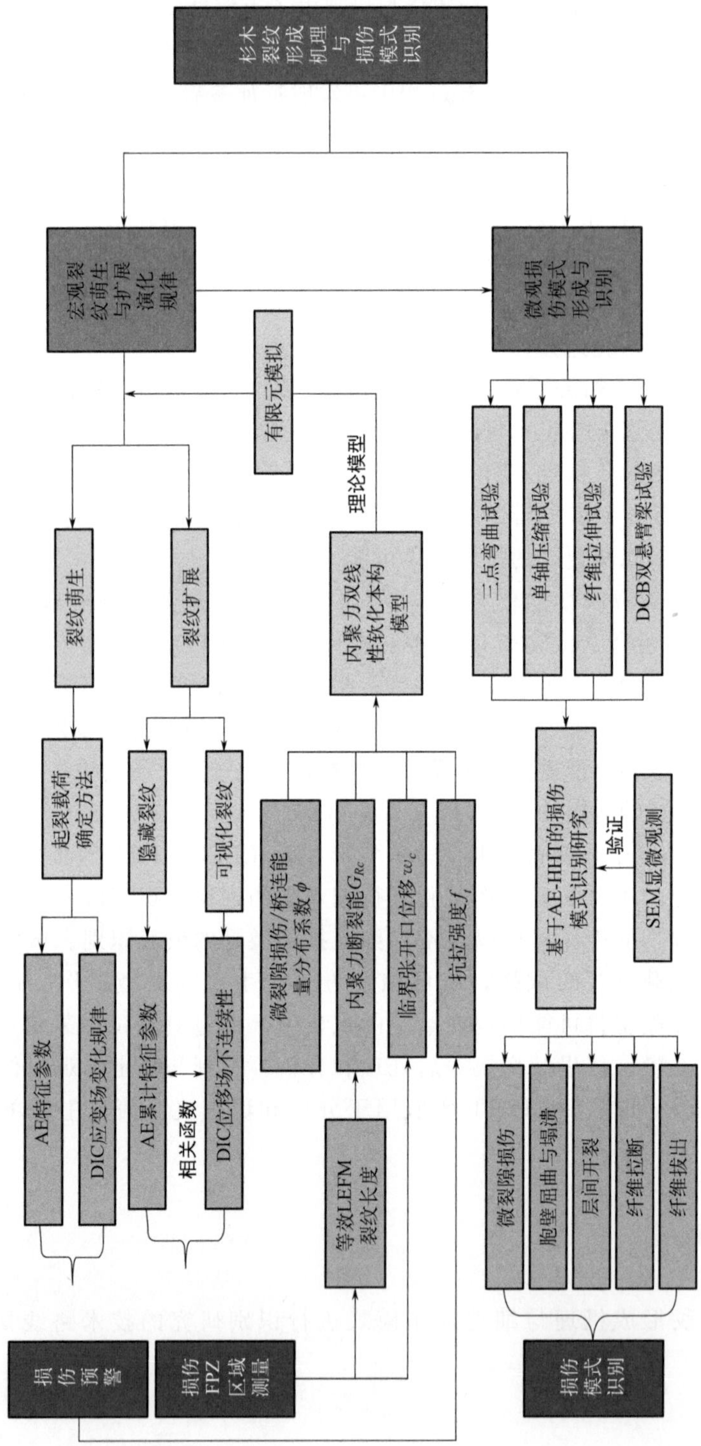

杉木裂纹形成机理与损伤模式识别
宏观裂纹萌生与扩展演化规律
微观损伤模式形成与识别
有限元模拟
理论模型
裂纹萌生
裂纹扩展
内聚力双线性软化本构模型
三点弯曲试验
单轴压缩试验
纤维拉伸试验
DCB双悬臂梁试验
起裂载荷确定方法
隐藏裂纹
可视化裂纹
微裂隙损伤/桥连能量分布系数 ϕ
内聚力断裂能 G_{Rc}
临界张开口位移 w_c
抗拉强度 f_t
基于AE-HHT的损伤模式识别研究
验证
SEM显微观测
AE特征参数
DIC应变场变化规律
AE累计特征参数
相关函数
DIC位移场不连续性
等效LEFM裂纹长度
微裂隙损伤
胞壁屈曲与塌溃
层间开裂
纤维拉断
纤维拔出
损伤预警
损伤FPZ区域测量
损伤模式识别

图 1.4 技术路线图

2

基于 AE 和 DIC 的木材裂纹萌生检测方法研究

2.1 引言

微裂纹萌生是引起木构件断裂失效的主要原因（王丽宇等，2002；费本华等，2003；孙艳玲等，2010；Smith et al.，2003）。木材作为一种天然的非均质生物质材料，除天然裂纹外，在生产加工和水分循环变化过程中也会产生裂纹，在这些缺陷附近或者裂纹尖端都可能出现应力的奇异性。尽管研究人员已经对微裂纹开展了几十年的研究工作，但对于研究木材微裂纹萌生的试验手段有限且缺乏统一评估的标准。范文英（1993）、邵卓平（2009）等采用光学显微镜观察木材裂纹扩展点，用观察法测定裂纹开始出现扩展时的起裂载荷。King 等（1999）采用金属材料平面应变断裂韧度的标准来测定辐射松横纹理断裂韧度，取载荷位移曲线中线性阶段和非线性阶段的临界点作为木材裂纹萌生的判定依据。王丽宇等（2002）采用数字图像相关法对白桦横纹裂纹的演化与增长行为进行研究，以第一次听到清脆的“爆裂声”时的迸发载荷作为判定裂纹萌生的依据。王坚伟（2008）、邵卓平（2009）等采用声发射方法分别检测了杉木 TL、RL 和 LT 型断裂的起裂，试验中将声发射仪开始出现 AE 波，同时医用听筒可以听到有轻微开裂声作为裂纹萌生的判定方法。目前，这些试验方法在研究木材断裂过程中裂纹扩展情况和材料断裂韧度的尺寸效应方面具有较好的适用性，但在确定起裂的评判标准上因受主观因素影响较大，缺乏对试验结果的统一量化分析，这使得确定裂纹萌生非常困难。

基于上述原因，本书将结合声发射方法、数字图像相关法监测含预制裂纹杉木梁的损伤和断裂过程，研究载荷作用下声学参数、表面应变信息变化与裂缝萌生的关系，并对梁的破坏过程进行分析，为构建准确检测木材裂纹萌生的技术方法提供依据。

2.2　材料与设备

2.2.1　木试件的制备

试验材料为杉木，试件气干后平均含水率约 10%，密度为 0.365g/cm^3，木材横纹断裂临界断裂韧度的测试方法参照 GB/T 4161—2007，采用三点弯曲梁试件，如图 2.1 所示。试件编号为 LS10-1、LS10-2、LS10-3，试件为通直无缺陷的顺纹木梁试件，尺寸为 390mm×40mm×20mm（$L\times T\times R$）试件表面采用人工喷涂制作散斑图像，即用白色哑光漆喷涂底面，再用黑色亚光漆喷涂随机分布的黑色斑点；试件预制裂缝长度 $a=4$mm，缝高比 $a/T=0.1$，缝宽度均为 1mm，制作时先用锋利的钢锯将试件预制 3mm 长的裂纹，然后用锋利的薄刀片将裂纹削尖深至 4mm，制成 LT 型单边切口试件。

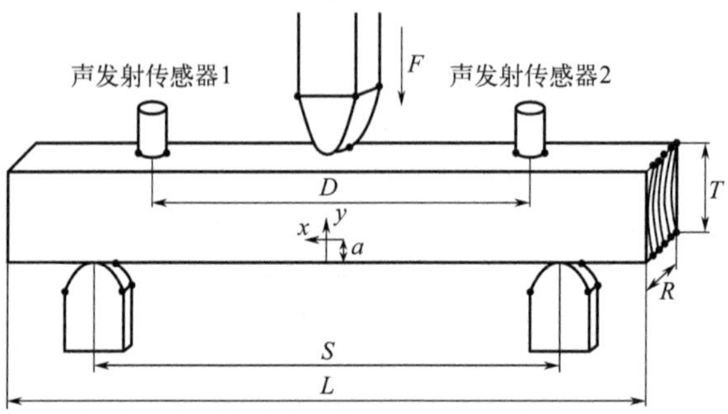

图 2.1　三点弯曲试样示意图

F—载荷；D—声发射传感器距离；a—预制裂缝长度；T—木试件高度；
R—木试件厚度；L—木试件长度；S—支座间距

2.2.2　试验设备与方法

试验加载设备为电子万能力学试验机；监测仪器为 DS2 型声发射监测系统，主要包括声发射传感器、前置放大器、声发射数据采集仪和主机；自制二维数字图像测量系统，主要包括 CCD 相机和主机等。试验装置如图 2.2 所示，该装置由加载系统、声发射系统和数字图像测量系统构成。加载系统采用电子万能力学试验机，试验前预加一定载荷，以减小压头与木梁之间的摩擦噪声。试验机加载方式为位移控制加载，加载速率为 0.001m/min，由计算机绘出载荷-加载点位移曲线。声发射传感器对称布置于梁上端两侧，距离木梁中点位置 100mm；通道门限设置为 20mV，传感器频率范围是 50～500kHz，多通道同步采集，前置放大器增益为 40dB；采样频率采用 2.5MHz。传感器表面与试件表面的声耦合剂采用高真空脂，并用夹具将传感器固定于木梁表面；木梁的正面采用二维数字图像测量系统采集裂缝尖端图像，CCD 相机安装于水平架上，放置在试件正前方 250mm 处，CCD 相机每隔 1s 采集一次图像。启动试验机的同时触发声发射系统和数字图像测量系统，三者同步动态跟踪监测微裂纹的开裂和扩展全过程，当试件出现载荷较快下降后停止加载，同时停止声发射和图像测量系统。

图 2.2 试验装置

2.3 结果与分析

2.3.1 木材裂纹萌生的 AE 特征参数提取

（1）声发射信号预处理

声发射传感器在测试频率范围内具有较高灵敏度，在木试件的受载过程中，除了能够采集到木材内部损伤信号，同时也会受到其他噪声的影响，例如测试设备运行时的电磁噪声和机械噪声、压头和支座与木试件之间的摩擦噪声、室内和室外环境噪声等。这些干扰噪声与木试件的损伤信号相互混叠并传播，最终由声发射传感器接收。在这种情况下，所采集的有效信号很有可能被噪声信号所覆盖。因此，为了能够从木试件在受载过程中所采集到的声发射信号中提取表征木材裂纹萌生特征的信号，信号去噪预处理是很有必要的，采用有效的预处理方法有利于提高后续声发射信号参数统计的准确度。

目前对于声发射信号的预处理方法有傅里叶变换、小波变换等滤波处理，一般的滤波去噪受到使用条件的限制，在滤波处理后很难还原信号的非平稳特征。小波分析能够由粗及精地针对局部时频信号进行细致分析，有效反映了信号的局部特征，因此更加适用于对非平稳信号的预处理。由于木材损伤所产生的声发射信号是瞬态性非平稳信号，且信号类型复杂多样，根据木材损伤声信号的特点，本节在小波分解的基础上对声发射信号采用阈值去噪处理，有效木材损伤信号和小波分解后噪声的核心区别在于其系数在不同分解尺度上的分布特性不同，由于有效信号的能量所对应的小波系数大，而干扰噪声的能量所对应的小波系数较小，因此将超过阈值的小波系数保持不变，未达到阈值的小波系数设置为 0，最终可去除噪声。本研究结合实际采集数据确定小波包分解去噪的阈值并对声发射信号进行去噪处理，这为下一步采用声发射参数分析法统计信号特征参数的准确性提供了保证。

（2）声发射信号参数分析法

声发射现象的本质在于材料受到内力或外力作用下，局部应力集中会导致局部能量快速集中，当能量达到阈值时，产生声发射信号并释放储存在材料局部位置的弹性变形能量，这种现象也称为应力波微振动。在声发射监测过程中，声发射事件的发生与材料变形、微裂纹萌生扩展等损伤有密切联系，一般在材料发生断裂失效前，声发射事件会表现出数量激增和峰值密集出现的特征。声发射参数是表征声发射事件活跃性的重要指标，通过对声发射参数的统计与分析，可以更加定量化地表征监测过程中声发射事件的强度和密度。

声发射检测技术的参数分析法指的是在进行声发射检测信号预处理的基础上，提取特定的声发射参数对检测信号进行研究分析的方法。声发射检测的参数分析法是一种广泛应用于声发射信号研究的经典方法，该方法通过对特定声发射参数的选取与应用，能够有效实现对声发射信号所隐含现象的量化与表征，是各种声发射检测场景普遍适用的声发射信号描述方法。在声发射检测技术中，常见的声发射检测参数主要包括幅值、阈值、上升时间、持续时间、振铃计数和能量等。各个声发射信号参数如图 2.3 所示。

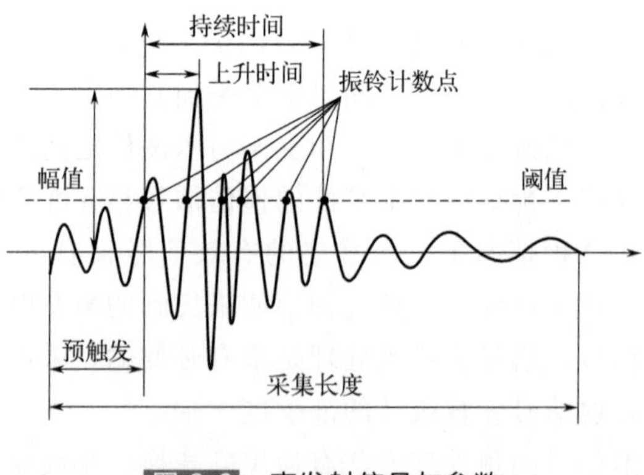

图 2.3　声发射信号与参数

幅值：表示声发射信号的最大振幅，与声发射事件的大小相关联，不受声发射阈值的影响但决定信号是否可测，通常用于鉴别声源信号的类型，一般单位为 dB。

阈值：设定声发射信号可以采样的临界值，主要目的是用来进行噪声的抑制并检测有用信号，调节声发射检测通道对于信号的敏感度。

上升时间：声发射信号首次突破设定的阈值并达到信号峰值所经历的时间，易被波形的传播所影响从而使其意义不甚明确，一般单位为 μs。

持续时间：声发射信号首次超过所设定阈值并最终回落到阈值以下的信号传播时间，一般单位为 μs。

振铃计数：声发射信号高过阈值的起伏次数，能够表示声发射信号的强度以及频率，常常应用于对信号的活动评价，也受到信号预设定阈值的控制，可以分为总计数和计数率。

时间计数：使材料产生一次局部变化的信号称为声发射事件，可以分为总计数和计数率，常常应用于对信号的活动评价。

能量：声发射能量在工程上一般指的是声发射信号波形下所围成的面积，常常也叫作能量计数。

到达时间：表示一个声发射波形到达传感器所用的时间，决定了信号源所在的位置一个信号传播所用的时间，也可以用于计算声源坐标，一般单位为 μs。

有效电压：声发射检测时间内信号幅值的均方根，一般指的是信号的有效幅值，一般单位为 V。

2.3.2 木材裂纹萌生的声发射信号分析

本试验参数分析法选取能量、振铃计数、幅度、累积能量和累计振铃计数对含预制横纹裂纹的杉木三点弯曲过程中采集的声发射信号进行了特征分析。图 2.4 是声发射主要参数（能量、振铃计数、幅度、累计能量/振铃计数）随时间的变化图。图中，P 为木梁起裂点，Q 为木梁韧性断裂点。根据各参数变化突变点和木梁尖端损伤演变过程，可将整个实验时间分为 5 个阶段：初始压密阶段、弹性变形阶段、起裂点出现阶段、裂纹稳定扩展阶段、失稳断裂阶段。

① 初始压密阶段　大约发生在 0～50s 的范围内，从图 2.4(a)、(b) 可以看出，声发射信号在试件接触受力后立即产生，木梁上侧中部与压头接触位置会先产生胞壁屈曲等损伤，该阶段受损位置会产生低幅度的声发射信号（振铃计数＜120，能量＜1028mV·mS，幅值＜80mV），试件还未发生起裂。该阶段的 F-δ 曲线近似为水平直线。

② 弹性变形阶段　大约发生在 50～150s 的范围内，累计振铃计数/能量曲线持续缓慢上升，说明木梁内部在原始微损伤形成后，新的损伤在持续产生，但是计数率较小，释能率低（振铃计数＜150，能量＜2650mV·mS，幅值＜500mV），肉眼无可见裂纹。该阶段的 F-δ 曲线呈斜直线。

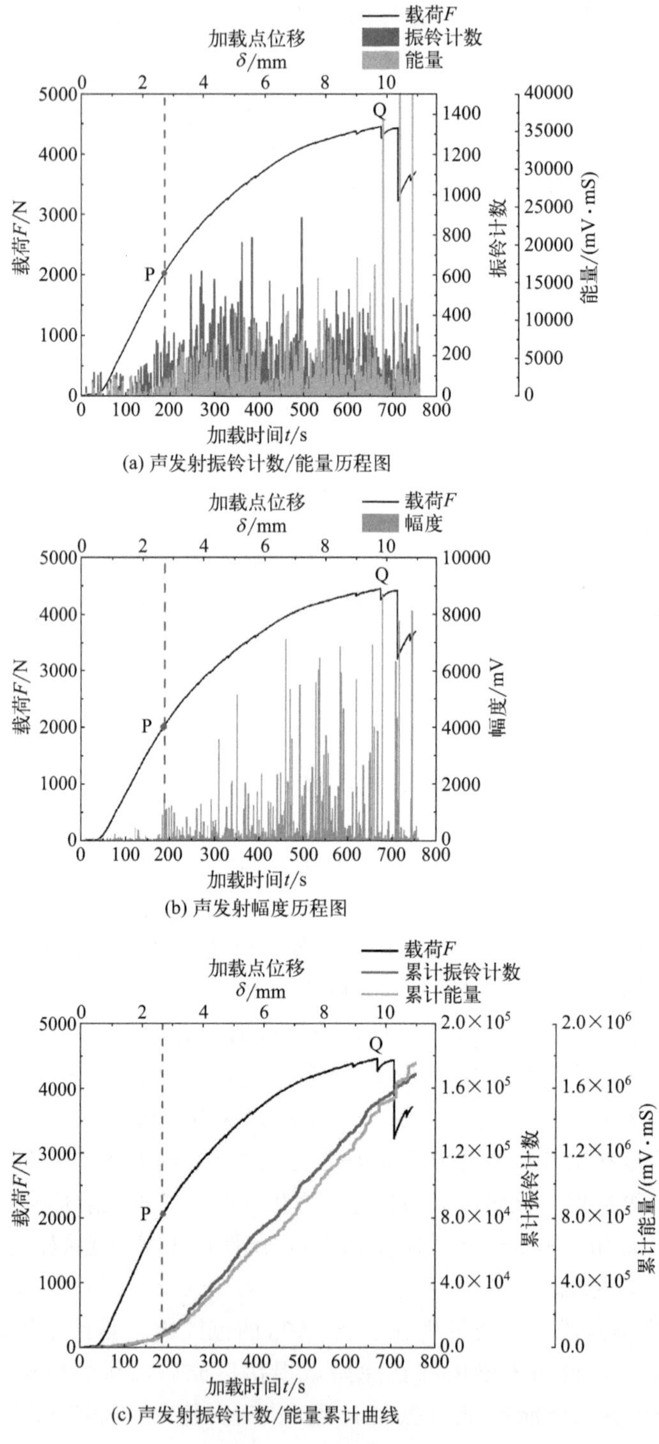

图 2.4　声发射参数历程图

P—起裂；Q—失稳断裂

③ 起裂点出现阶段　大约发生在150～200s的范围内，随着作用力的增加，声发射振铃计数迅速增加，释能率增加，说明此阶段木梁内部损伤开始加剧，当载荷增至P点时，木梁加载点位移 δ 为2.75mm，F-δ 曲线呈现非线性。如图2.4(a)、(b) 所示，振铃计数、幅度都出现新的高峰值（振铃计数达到310，幅值达到1359mV，对应时间190s，载荷2080N），从图2.4(c) 可以看出，累计振铃计数和累计能量与时间相关曲线总体变化趋势一致，斜率在190s处发生改变，出现增大现象，能听到轻微的开裂声，木材在该阶段发生起裂。

④ 裂缝稳定扩展阶段　大约在200～600s时，裂缝缓慢扩展并逐渐停止，到达300s时木梁表面出现肉眼可见的宏观裂纹，裂纹上方的韧带区会出现多条顺纹裂缝，并伴有轻微开裂声，此阶段振铃计数、能量幅值高峰密集出现（500＜振铃计数峰值＜1000，5000mV・mS＜能量峰值＜20000mV・mS，2000mV＜幅值＜7000mV）累计振铃计数/能量曲线持续快速攀升，F-δ 出现曲线变化规律。

⑤ 失稳断裂阶段　在600～765s时，微裂纹不断扩展和聚集，当载荷加载到Q点的 F_{max} 时，迸发出较大的断裂声，试件上侧中部与压头接触位置被压溃、下侧木纤维断裂拔出，载荷呈阶跃式下降，裂纹张开口且位移迅速增大，直至试样失稳断裂。在这一阶段，由于木梁中的微裂缝在扩展过程不断受到抑制，不断积聚的能量以弹性波的形式向外释放，在断裂时刻能量高峰值和幅度高峰值达到最大（能量峰值＞20000mV・mS，幅度峰值＞7000mV）。

2.3.3　基于DIC的木材裂纹萌生表面位移应变场研究

（1） DIC方法简介

数字图像相关（digital image correlation，DIC）方法是一种对物体表面采集到的高清图像进行位移跟踪来实现对物体变形测量的非接触式无损检测方法，在20世纪80年代由Yamaguchi（1981）和Peters（1982）等人提出。DIC的整体思路是通过特定算法计算出所采集的参考图像与目标图像中目标子区之间的映射关系，从而获取物体表面感兴趣区域（DOI）内的应变场和位移场（张喆等，2013；赵健，2014；Kumar，et al.，2019）。

在本研究中，使用DIC方法的基础是利用工业CCD相机采集受载过程中杉木试件裂纹尖端表面变形前后图像，在选定好参考子区的前提下，利用相关匹配算法计算变形前后图像中目标子区的坐标变化（Pan et al.，2008；Pan et al.，2010），从而获得杉木试件裂纹尖端位移场。如图2.5所示，参考子区是以 $P(x_i, y_i)$ 为中心、半径为 n 的圆形区域，基于合适的相关函数和搜索程序最终计算出目标子区的中心 $P(x_i', y_j')$ 的坐标（Zhao et al.，2018；温宇鑫，2020）。本书所采用的2D-DIC程序Ncorr是Blaber等（2015）基于MATLAB开发的开源

DIC 软件，匹配算法的原理是通过比较参考子区与目标子区的灰度值，代入归一互相关函数（NCC）来计算二者的相关系数 C_{cc}。

$$C_{cc}=\frac{\sum_{(i,j)\in S}[f(x_i,y_i)-f_m][g(x'_i,y'_j)-g_m]}{\sqrt{\sum_{(i,j)\in S}[f(x_i,y_i)-f_m]^2\sum_{(i,j)\in S}[g(x'_i,y'_j)-g_m]^2}} \tag{2-1}$$

式中，$f(x_i,y_i)$和$g(x'_i,y'_j)$分别是关于(x_i,y_i)和(x'_i,y'_j)的灰度强度函数；f_m 和 g_m 分别是(x_i,y_i)和(x'_i,y'_j)的子区平均灰度。若相关系数 C_{cc} 取到极值，点(x'_i,y'_j)则是目标子区的圆心(x'_c,y'_c)，目标子区的位移矢量$(\boldsymbol{u},\boldsymbol{v})$以此确定。参考子区内所有点所对应在目标子区中的坐标(x'_i,y'_j)可根据式(2-2)进行计算。

$$\begin{cases}x'_i=x_i+u+\dfrac{\partial u}{\partial x}(x_i-x_c)+\dfrac{\partial u}{\partial y}(y_j-y_c)\\ y'_j=y_j+v+\dfrac{\partial v}{\partial x}(x_i-x_c)+\dfrac{\partial v}{\partial y}(y_j-y_c),(i,j)\in S\\ \boldsymbol{p}=\begin{bmatrix}\boldsymbol{u} & \boldsymbol{v} & \dfrac{\partial \boldsymbol{u}}{\partial x} & \dfrac{\partial \boldsymbol{u}}{\partial y} & \dfrac{\partial \boldsymbol{v}}{\partial x} & \dfrac{\partial \boldsymbol{v}}{\partial y}\end{bmatrix}^{\mathrm{T}}\end{cases} \tag{2-2}$$

式中，$\boldsymbol{p}$ 为广义变形矢量，由反向复合高斯-牛顿算法（IC-GN）求解得到（Baker & Matthews，2004）。表面位移场计算完成后，Ncorr 程序可以依据四个位移梯度和式(2-3) 计算格林-拉格朗日应变。

$$\begin{cases}E_{xx}=\dfrac{1}{2}\left[2\dfrac{\partial \boldsymbol{u}}{\partial x}+\left(\dfrac{\partial \boldsymbol{u}}{\partial x}\right)^2+\left(\dfrac{\partial \boldsymbol{v}}{\partial x}\right)^2\right]\\ E_{xy}=\dfrac{1}{2}\left(\dfrac{\partial \boldsymbol{u}}{\partial y}+\dfrac{\partial \boldsymbol{v}}{\partial x}+\dfrac{\partial \boldsymbol{u}}{\partial x}\times\dfrac{\partial \boldsymbol{u}}{\partial y}+\dfrac{\partial \boldsymbol{v}}{\partial x}\times\dfrac{\partial \boldsymbol{v}}{\partial y}\right)\\ E_{xx}=\dfrac{1}{2}\left[2\dfrac{\partial \boldsymbol{v}}{\partial y}+\left(\dfrac{\partial \boldsymbol{u}}{\partial y}\right)^2+\left(\dfrac{\partial \boldsymbol{v}}{\partial y}\right)^2\right]\end{cases} \tag{2-3}$$

值得注意的是，式(2-3) 中四个位移梯度值常常包含噪声，因此在计算表面应变场之前 Ncorr 程序使用低通滤波器先对位移梯度场进行平滑处理。

（2）木材裂纹萌生的表面应变场分析

木梁在加载的过程中表面初始微裂纹物理尺寸较小，凭借肉眼难以发现，直至材料达到其一定载荷后，木梁发生宏观断裂破坏，表观的裂纹才易被察觉。利用试件表面散斑结合 DIC 算法，可以直观地观察到木材试件上表面开裂的全过程以及试件表面应变场的变化。

以试件 LS10-2 为例，由于试件加载至 300s 时木梁表面出现肉眼可见的裂纹，故木梁的起裂应发生在加载时间 300s 之前，图 2.6 为 350s 之前声发射振铃计数、能量、幅度随加载时间变化图（a、b、c、d、e 点分别对应为加载时间 100s、150s、200s、250s、300s）。图 2.7 反映了不同加载时间木梁预制裂缝尖

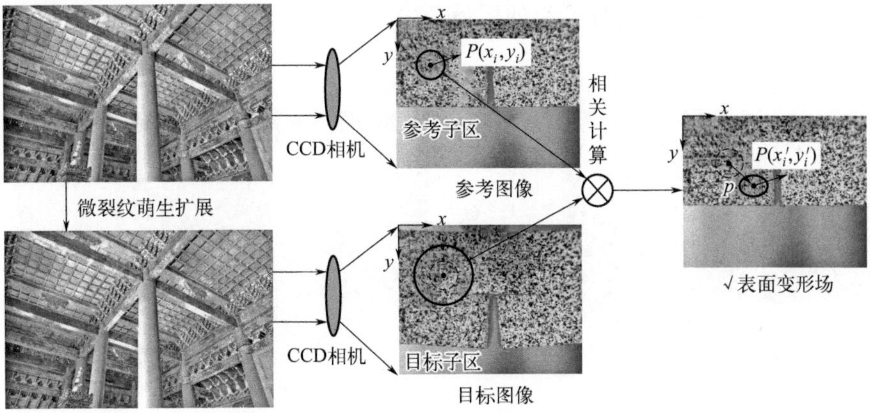

图 2.5 DIC 方法的基本原理

端表面应变场观测［其中图 2.7(a)～(e)对应于图 2.6 中的标记的 a～e 点，对应载荷大小为 820N、1550N、2160N、2600N、3050N］，试验结果进一步验证 AE 振铃计数、能量、幅度对木梁裂缝尖端损伤演变的预测相关性。

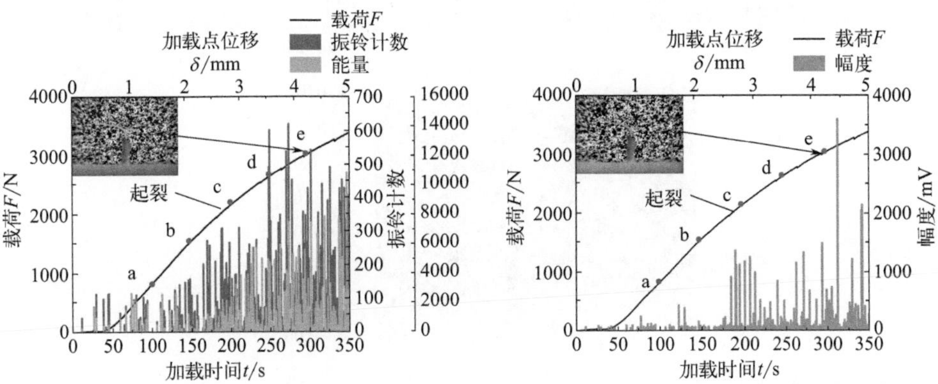

图 2.6 声发射参数历程图（0～350s）

a—100s，b—150s，c—200s，d—250s，e—300s

对比图 2.6 和图 2.7 可以看出，加载时间在 100～150s 时（载荷区间为 820～1550N），在此过程中试件的表面最大应变为 $1.4\times10^{-3}\sim6.5\times10^{-3}$，应变场分布规律没有显著变化且未出现明显的应力集中区域。随着载荷的增加，加载时间到达 200s（载荷 2160N）时可以明显地观察到试件表面有明显的应变突变区域，变形集中区域的相对变形量大于 7.4×10^{-3}，当加载时间到达 300s 时，木材试件表面出现可见裂缝，试件表面的最大变形量达到 0.06。由于表面开裂，在搜索计算的过程中，裂缝上的点作为无效点计算，所以在开裂区域出现无效区域带，此无效区域就是试件开裂的区域。

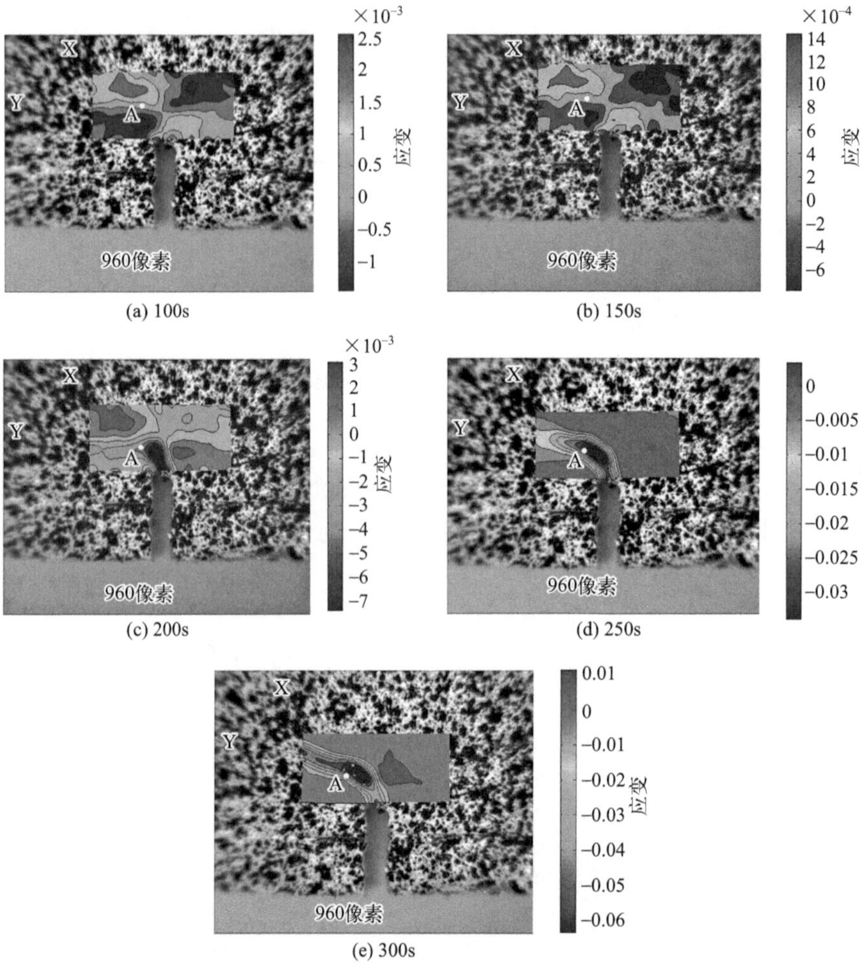

图 2.7　木试件表面应变云图（见书后彩插）

为进一步探究木试件开裂时应变的情况，取图 2.7 的 A 点（194，88）为例，绘制 A 点加载过程中表面应变随载荷变化图，如图 2.8 所示。

试件在三点弯曲状态下，A 处的相对变形量可以分为 2 个阶段：O—B 为弹性阶段，试件表面应变呈线性增长；B—C 为突变阶段，表面应变与之前有显著变化，随着载荷的增加试件表面开始形成宏观裂缝，拉应变开始陡增。有关研究表明（Malumbela et al.，2010），试件表面应变突增伴随着表面出现初裂现象，由此可以认为拐点 B 代表木梁表面出现初始开裂，本次试验拐点位置 B 的应变量为 0.009，即载荷为 2550N 时，A 处已经开始有肉眼看不到的微裂缝。

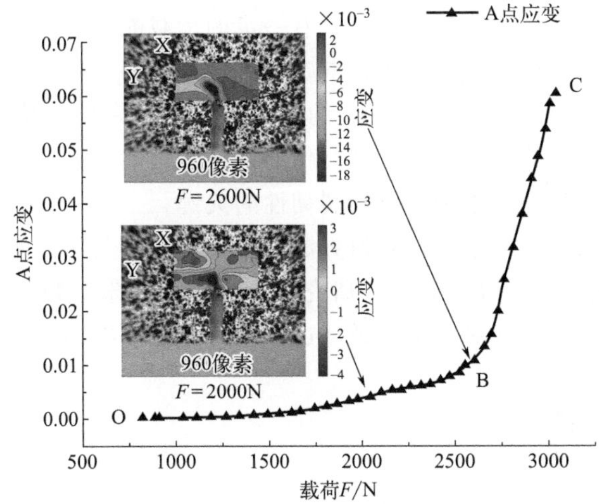

图2.8 试件A点位置处木梁表面相对变形（见书后彩插）

O—B 弹性阶段；B—C 应变突变阶段；B 点为应变变化拐点

为了更好地探究试件表面开裂的应变变化过程，如图 2.8 所示，取 2000N 时与 2600N 时的计算云图分析。加载 2000N 时，A 点的应变为 0.003，加载 2600N 时，A 点的应变为 0.0101。值得注意的是，在加载 2600N 时，可以从云图看出有明显的变形集中区域，此区域正是木梁表面开裂区域，可见 DIC 技术能够精确捕捉加载过程中的变形并有效观测开裂过程。

2.4 含 LT 型裂纹木材起裂载荷确定方法研究

为了准确有效地预测含有初始裂纹木材的破坏，通常采用断裂准则评估含裂纹构件在低应力下的强度和安全，断裂韧性是表征材料对裂纹扩展抵抗能力的重要力学参数，其准确程度取决于起裂载荷的确定（GB/T 4161—2007）。目前，国内外关于木材断裂韧性方面的研究主要集中在顺纹断裂方面（Ardalany et al.，2012；Wang，1997；Watanabe et al.，2011；Reiterer et al.，2002；Stanzl-Tschegg et al.，2006），所针对的木材断裂模式主要是 TL/TR 型和 RL/RT 型，而对于含有 LT 型裂纹的木材在起裂阶段方面的研究较少。由于材料内部特殊的纤维组织排列特性对木材中裂纹的扩展影响较大，含 LT 型横纹裂纹的木构件发生断裂时，裂纹通常并不一定沿着其初始方向扩展而是沿着纤维方向扩展（邵卓平，2002）。Wu（1967）最早将木材作为正交各向异性材料开展了断裂力学研究，Schachner 等（2000）和 King 等（1999）对木材单边切口试件进行三点弯曲试验研究和有限元数值模拟时发现：木材纵向长纤维的构造特性使得从顺纹断裂模式到横纹断裂模式的断裂韧度不断增大，故对于含有 LT 型裂纹木梁，在承载过程中，当木梁起裂后仍具有一定的承载能力，其韧性断裂时的最大载荷不一定是起裂载荷（鹿振友等，2004；邵卓平等，2003）。以最大载荷作为起裂载荷计算木材横纹断裂韧性 KIC 的方法，尽管在一定程度上也能够评估木材对裂纹扩展的抵抗能力，但会出现高估的情况。因此，准确确定含 LT 型裂纹木梁起裂载荷大小是计算木梁横纹断裂韧性的关键。

基于上述原因，本书结合声发射方法、数字图像相关法、电测法监测含预制 LT 型裂纹木梁的损伤和断裂过程，研究载荷作用下声学参数、表面应变信息变化与裂缝萌生的关系，并对木梁的破坏过程进行分析，准确确定起裂载荷。

2.4.1 试件的制备

试验材料为杉木，试件气干后含水率约 10%，密度为 0.365g/cm^3，木材横纹断裂临界断裂韧度的测试方法参照 GB/T 4161—2007，采用三点弯曲梁试件，如图 2.9 所示。试件加工程序同 2.2.1 节，加工尺寸为 390mm×40mm×20mm（$l\times b\times h$），缝高比 a/h 分别为 0.1、0.2、0.3 三组，每组试件数为 3，缝宽度均为 1mm。

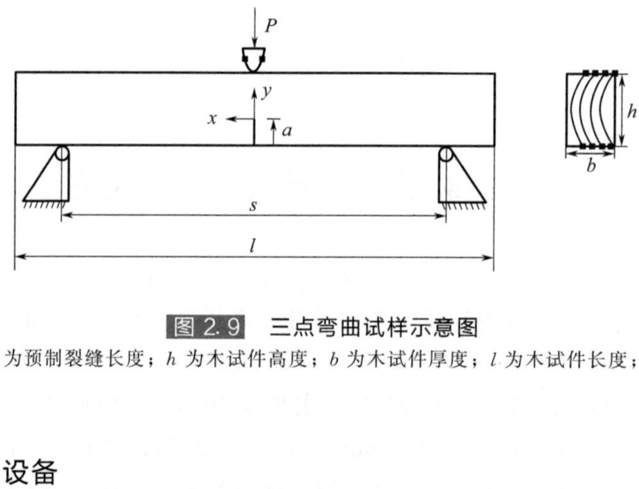

图 2.9 三点弯曲试样示意图

P 为载荷；a 为预制裂缝长度；h 为木试件高度；b 为木试件厚度；l 为木试件长度；s 为支座间距

2.4.2 试验设备

在 2.2.2 节的试验设备基础上，在木试件的未喷涂散斑的背面布置应变片，首先用砂纸打磨木梁表面去除多余毛刺，在测点位置进行划线定位，再用 502 胶水将应变片按照所测量应变方向粘贴在测点位置，最后用焊锡固定接线端子。整体试验装置如图 2.10 所示。试验所采用箔式纸基应变片为 B×120-10AA 型，测量设备为 BZ2208-A 型静态电阻应变仪。

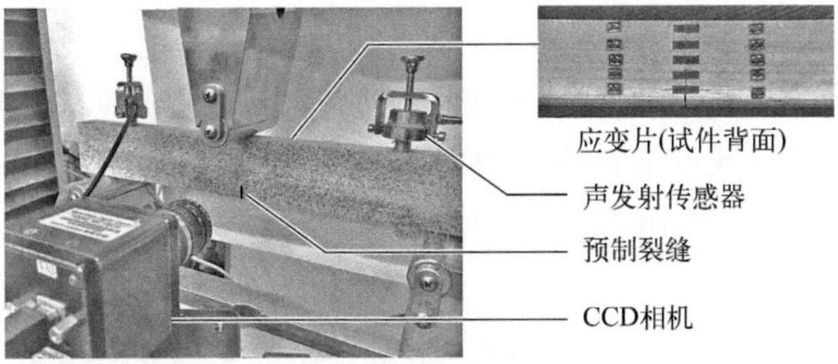

图 2.10　试验装置

为了对比验证声发射方法的有效性，本研究采用电测法测试整个加载过程中裂缝的扩展情况，其中应变片的布置方式是保证测量结果有效的关键。电阻应变片测点布置如图 2.11 所示，为避免木梁弯曲过程中因变形过大而造成应变片被撕裂，应变片对称分布于裂缝延长线两侧，粘贴方向与预制裂缝延长线垂直。同时，为了更好地观察木梁拉压区的应变值变化，将应变片测点关于木梁中性层对称分布，上下间距设置为 5mm，其中应变片 5、6 与木梁中性层位置重合。

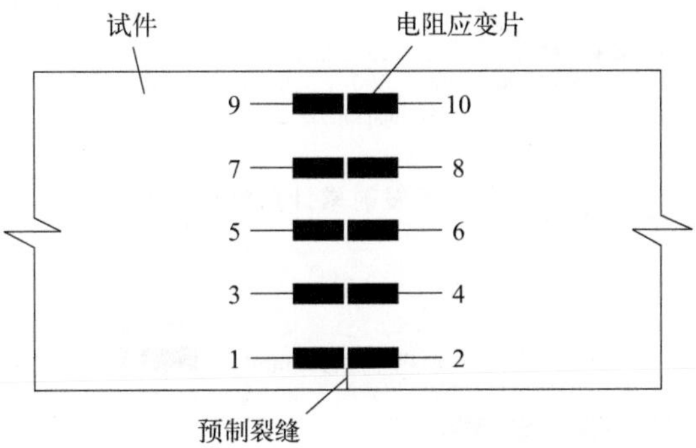

图 2.11　应变片布置方式

2.4.3　木材起裂载荷确定

（1）声发射法

在木材损伤断裂过程中，由于累计振铃计数、幅度较其他声学参数变化明显，故应用声发射累计振铃计数、幅度随木梁的弯曲挠度变化的关系图来确定起裂载荷 P_{ini}。由于木梁会在加载过程中不断产生弯曲变形，一旦梁的缝端起裂，在木梁内部积蓄的应变能快速转为弹性波由起裂位置释放，则 AE 监测到的波形信号发生突变，表现为 AE 信号幅度急剧升高，出现该阶段的高峰值，累计振铃计数也会发生突变，故用声发射幅度和累计振铃计数来确定起裂载荷是可行的。

如图 2.12 和图 2.13（以 LS10-2 为例）所示，从关系曲线上可以看出，在加载点位移为 2.75mm 以前，AE 幅度处于较稳定的阶段，说明梁处于弹性阶段，木梁内部没有裂缝产生；但加载点位移超过 2.75mm 以后，AE 幅度产生峰值，AE 累计振铃计数-加载点位移曲线的斜率发生明显增大。因此，以载荷-加载点位移曲线上的位移为 2.75mm 所对应的载荷作为起裂载荷。

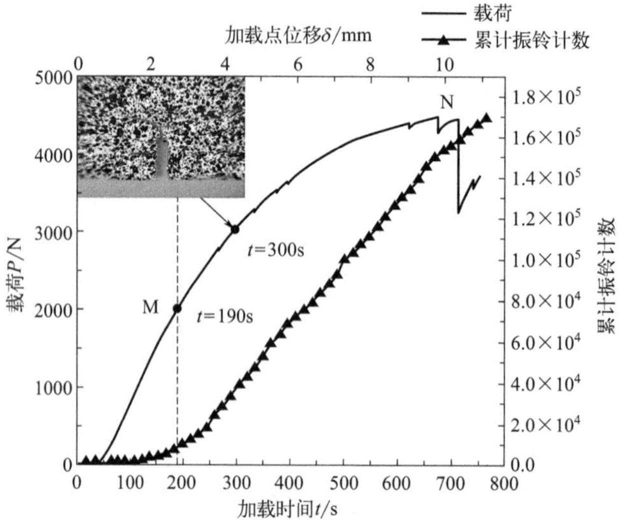

图 2.12　声发射累计振铃计数曲线

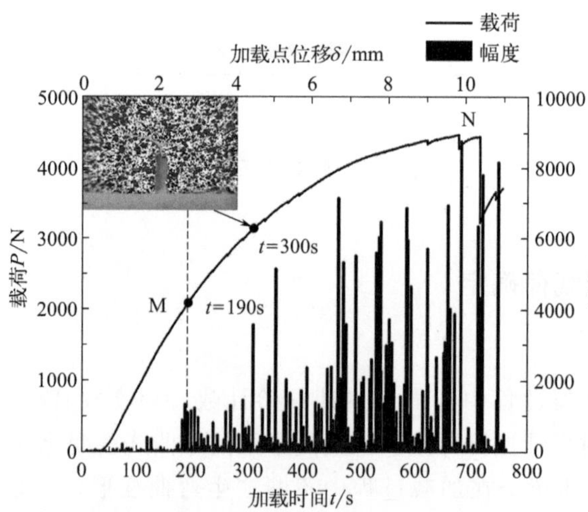

图 2.13　声发射幅度历程图

（2）数字图像相关法

应用数字图像法观测木梁表面裂缝的起裂扩展情况，实际上是根据木梁表面的应变场变化情况来判断裂纹的起裂，裂纹的产生可以理解为物体表面应变的突变，而裂纹产生前期物体表面应力集中的区域与裂纹萌生位置有确定关系。以LS10-2为例，木梁预制裂缝尖端表面应变场随加载点位移的变化如图2.14所示，根据所选取的3张不同加载点位移所对应木梁表面应变云图可以看出，当$\delta=1.8mm$时，试件的表面最大应变为$9.8\times10^{-3}\sim1.0\times10^{-2}$，应变场分布规律没有显著变化且未出现明显的应力集中区域。随着载荷的增加，当$\delta=3.2mm$时，试件表面出现应力集中区域，试件的表面最大应变为$(3.0\sim4.0)\times10^{-2}$；当$\delta=4.4mm$时，可以观察到试件表面有明显的应变突变区域，变形集中区域的应变量大于7.4×10^{-2}，此区域正是木梁表面开裂区域，可见DIC技术能够精确捕捉加载过程中的变形并有效观测开裂过程。

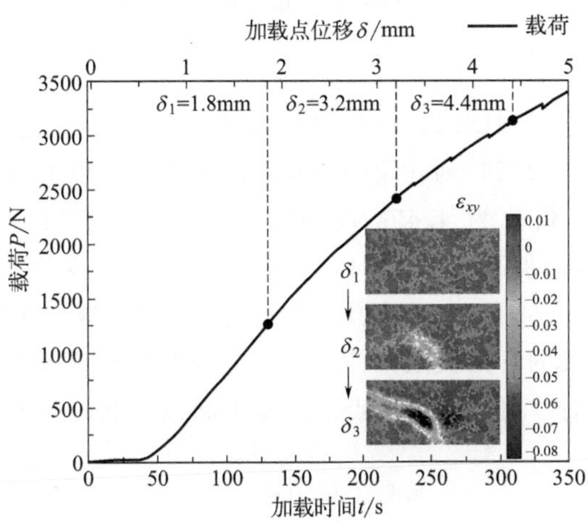

图 2.14　木试件表面应变云图

为进一步探究木试件开裂时的应变情况，以试件表面缝端位置的A点(194，88)为例，研究裂缝尖端位置表面应变与裂纹萌生起裂的关系。已知木梁在300s时已出现肉眼可见裂纹，故选取时间区间为0～300s（载荷区间为0～3250N）的表面应变绘制应变随载荷变化曲线，如图2.15所示。从图中可以看出，试件在三点弯曲状态下，A处的应变量可以分为2个阶段：O—B弹性阶段，试件表面的应变呈缓慢线性增长；B—C为突变阶段，表面应变与之前有显著变化，表面应变随载荷变化曲线斜率出现明显增大。有关研究表明试件表面应变突增同时伴随着表面初裂现象（Goitseone et al.，2009），由此可以认为拐点B代表木梁表面出现初始开裂，本次试验拐点位置B的应变量为0.009，即载荷为2550N时，试件表面A处已经开始有肉眼看不到的微裂缝，故将B点对应的载荷作为判断起裂的起裂载荷。

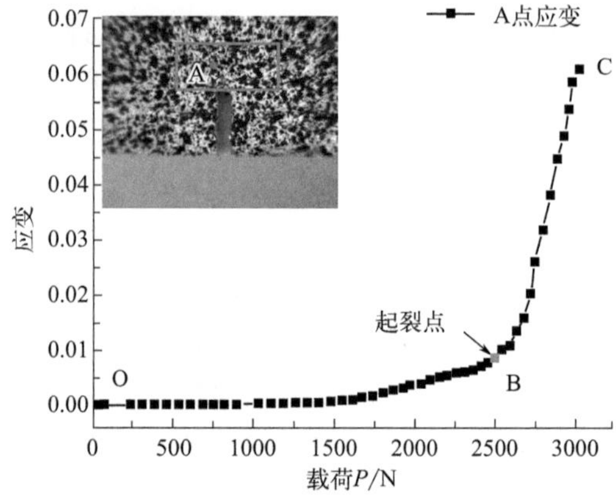

图 2.15　试件 A 点位置处木梁表面应变

(3) 电测法

在采用应变片进行测试时，应根据应变-加载时间确定起裂载荷，并结合肉眼观测表面裂缝，记录该时刻缝端的应变片的应变值（以 LS10-2 试件为例）。失稳断裂前测得最大载荷为 4.45kN，测点布置如图 2.11 所示，应变结果如图 2.16 所示。当载荷加载到 D 点时，中性层位置的应变片 5、6 其应变值近似保持不变，应变片 1～4 和 7～10 的应变-加载点位移曲线斜率出现增大现象，将此时的应变值作为梁的弯曲极限拉伸应变值。根据最大拉应变准则，当应变大于梁的极限拉伸应变时，可以认为该点已经发生起裂，此时应变所对应的载荷大小

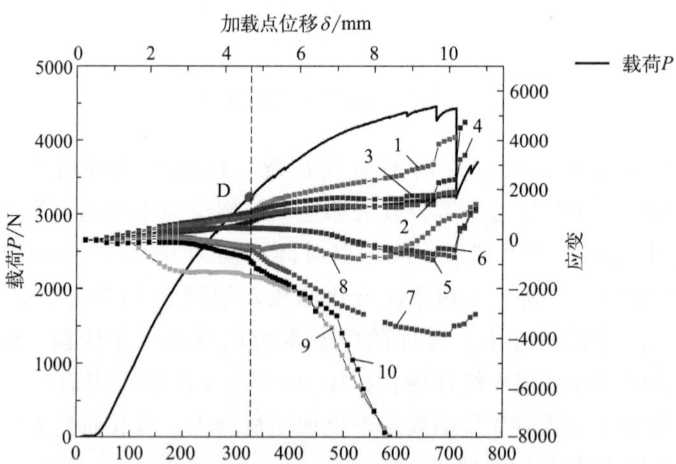

图 2.16　各测点应变

即为起裂载荷。

表 2.1 为各试件的主要测试参数比较，图 2.17 为 3 种方法确定试件起裂载荷的大小比较。从表 2.1 和图 2.17 的对比数据可以看出：在 3 种不同缝高比（$a/h=0.1, 0.2, 0.3$）条件下，声发射法、数字图像相关法、电测法测得含 LT 型裂纹木梁的起裂载荷均小于极限载荷，这说明 3 种方法在用于监测木材裂纹起裂方面都有较好的适用性，在实际应用时，它可以帮助检测，使研究人员在木材达到极限载荷之前检测到裂纹的起裂。但由于不同测量方法的测量原理、测量精度存在差异，3 种方法所确定的各试件起裂载荷大小排序为：声发射法<数字图像相关法<电测法。这说明当发现试件表面有裂缝时，其内部裂缝的出现与发展可通过声波振铃计数、波幅幅值的变化得到反映。电测法和数字图像相关法确定木梁起裂载荷的原理都是根据木材表面的应变变化发生突变来判定木材起裂，但从结果上来看，由电测法所确定的起裂载荷值比数字图像相关法所确定的起裂载荷大，即所判断起裂时刻较为滞后，说明电测法作为一种传统的点接触测量方法，应用于测量木材表面应变变化时，对木材变形的响应灵敏度比数字图像相关法差，且受粘贴条件的限制对测量结果会产生较大影响。相比之下，数字图像相关法的测量结果更加精确、灵敏度高，且数字图像相关法具有全场、非接触的特点，能更加高效、直观预测裂纹萌生的位置和裂纹扩展路径，同时能够避免对被测量对象造成二次伤害。综上所述，本试验结果为选择含 LT 型横纹裂纹的木梁起裂载荷的确定方法提供了依据，应用时可结合实际工况选择合适的测量方法。

表 2.1　各试件测试参数结果

缝高比（a/h）	试件编号	起裂载荷 P_{ini}/kN			极限载荷 P_{max}/kN	极限载荷对应的加载点位移/mm
		声发射法	数字图像相关法	电测法		
0.1	LS010-1	1.99	2.13	2.37	4.14	10.82
	LS010-2	2.08	2.55	3.32	4.45	11.15
	LS010-3	2.03	2.57	3.66	4.32	11.13
0.2	LS020-1	1.78	1.91	1.99	3.96	11.85
	LS020-2	1.63	2.01	2.32	3.69	11.51
	LS020-3	1.70	1.79	1.88	3.88	11.70
0.3	LS030-1	1.47	1.72	1.79	3.43	13.99
	LS030-2	1.54	1.81	1.85	3.57	14.23
	LS030-3	1.48	1.76	1.90	3.50	14.06

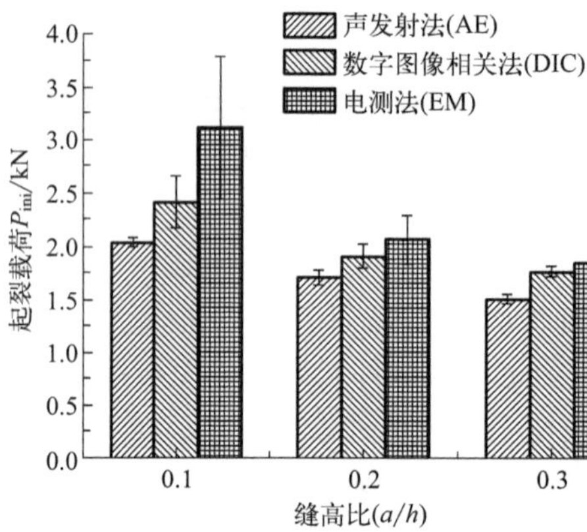

图 2.17　3 种方法确定杉木试件起裂载荷

2.5　本章小结

本章采用声发射法、数字图像相关法、电测法 3 种方法对含 LT 型裂纹木梁的裂纹萌生规律和起裂载荷 P_{ini} 的确定进行了试验研究。通过试验，对含 LT 型裂纹木梁在加载过程中声发射累计振铃计数、幅度以及表面应变的变化规律进行了详细讨论。分析和总结了试验现象和结果，得出如下结论。

① 声学参数（累计振铃计数、累计能量）与加载点位移关系曲线表现出不同阶段斜率变化特征，且对于木材内部损伤检测，声发射有较好的灵敏度，能进一步提高确定含隐藏木材裂纹萌生的准确性。

② 数字图像相关方法能够有效测量木梁表面的变形分布情况，裂纹尖端位置点的应变变化拐点可反映木材的裂纹萌生，图像测量结果验证了声发射法的有效性，该方法通过累计振铃计数、幅度等参数可对木梁裂纹萌生规律进行预测，同时根据表面应力集中区域的演变提前预测出木材裂纹萌生的位置。声发射法和数字图像相关方法在监测含裂纹木构件裂纹演化规律上都具有较好的适用性，利用声发射法能够更准确地在早期评估木构件内部微裂纹萌生，数字图像相关法的测试结果则能够更加直观地反映木材表面的应变场分布和裂纹萌生位置。

③ 用声发射法、数字图像相关法、电测法来确定含 LT 型裂纹木梁起裂载荷大小，起裂载荷小于峰值载荷，且声发射法＜数字图像相关法＜电测法，这说明木材横纹断裂的裂纹萌生发生在峰值载荷之前，且木材起裂所产生的内部损伤会先在声发射参数变化上体现，再在表面应变的变化上反映，在实际应用时可结合实际工况选择合适的测量方法。

3

基于 AE 和 DIC 的木材宏观裂纹扩展行为研究

3.1 引言

本书的第 2 章通过杉木三点弯曲试验分析了杉木在裂纹萌生时的 AE 特征参数和裂纹尖端的应变场，研究传统电测法、AE、DIC 方法在监测木材裂纹萌生方面的适用性，对比分析不同检测方法对于木材起裂载荷的灵敏度和精确度，研究发现，AE 累计振铃计数、幅度可有效反映木梁内部损伤的产生和演化，利用 AE 参数的变化规律能准确确定裂纹萌生时刻；DIC 方法可以动态监测木梁表面裂缝尖端区域的应变变化，根据应变演变特征可以有效监测木梁表面裂纹的萌生。本章在第 2 章的基础上进一步研究杉木裂纹扩展过程中声学参数、表面位移场与裂纹扩展行为的联系，通过分析时间历程上 AE 特征参数的演化规律，建立与裂纹扩展状态的映射关系；同时研究基于 DIC 方法跟踪木材表面位移场来测量木材裂纹扩展过程中断裂过程区域（FPZ）尺寸的方法，进一步探究声学参数与 DIC 所测量的裂纹扩展长度的相关性。由于 AE 技术具有整体性测量、不受损伤位置干扰的特点，通过建立 AE 与 DIC 方法的相关性，为基于 AE 参数实现木材不可视化裂纹扩展测量与监测提供了一种可能。

3.2 材料与设备

3.2.1 试件制备

试验采用三点弯曲梁试件，树种为杉木，试件的取材位置、材料属性、木梁加工尺寸、预制裂缝加工程序、散斑制作程序与 2.2.1 节相同。如图 3.1 所示，木梁下方中部预制垂直于轴向的裂缝，采用三组不同缝高比试件（$a/T=0.1$，0.2，0.3），裂缝长度 $a=4$mm，8mm，12mm，裂缝宽度 $b=1$mm。每组缝高比试件数为 3，试件编号及参数如表 3.1 所示。

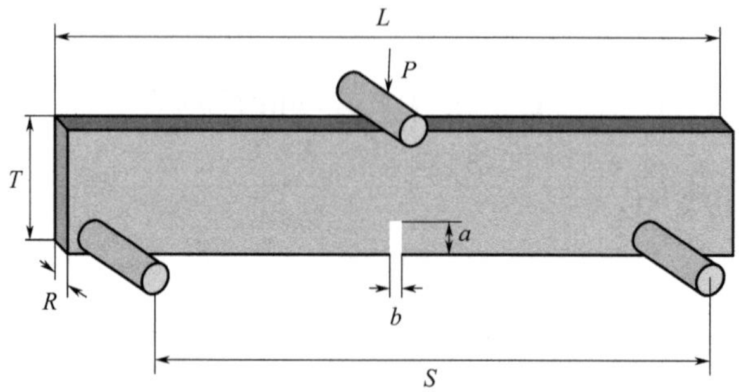

图 3.1 试件几何尺寸与加载方式

表 3.1 各试件参数

缝高比（a/T）	试件编号	起裂载荷 P_{ini}/kN	峰值载荷 P_{max}/kN	P_{ini}/P_{max}	R^2
0.1	TS010-1	1.95	4.15	46.9%	0.95177
	TS010-2	1.78	4.45	40.0%	0.97988
	TS010-3	1.86	4.42	42.1%	0.96988
0.2	TS020-1	1.78	3.96	44.9%	0.97710
	TS020-2	1.63	3.69	44.2%	0.99102
	TS020-3	1.90	3.88	48.9%	0.99689
0.3	TS030-1	1.47	3.43	42.8%	0.97169
	TS030-2	1.54	3.57	43.1%	0.95123
	TS030-3	1.45	3.55	40.8%	0.99415

3.2.2 试验设备与方法

如图 3.2 所示，测试装置由加载系统、声发射系统和数字图像测量系统组成。加载系统采用电子万能力学试验机。在测试之前增加一定的负载，以减少头部和木梁之间的摩擦噪声。试验机的加载方式为位移控制加载，加载速率为 0.001m/min，载荷-位移（P-δ）曲线由计算机绘制。因为 AE 传感器的精度受环境噪声、木材缺陷等因素影响，为了消除偶然因素对采集数据的影响，在离预裂面 100mm 处对称布置一对声发射传感器。通道阈值设置为 20mV，传感器频率范围为 50～400kHz，多通道同步采集，前置放大器增益为 40dB，采样频率为

2.5MHz，声发射传感器表面与试件表面之间的声耦合剂为高真空油脂，夹紧装置固定在木材表面。

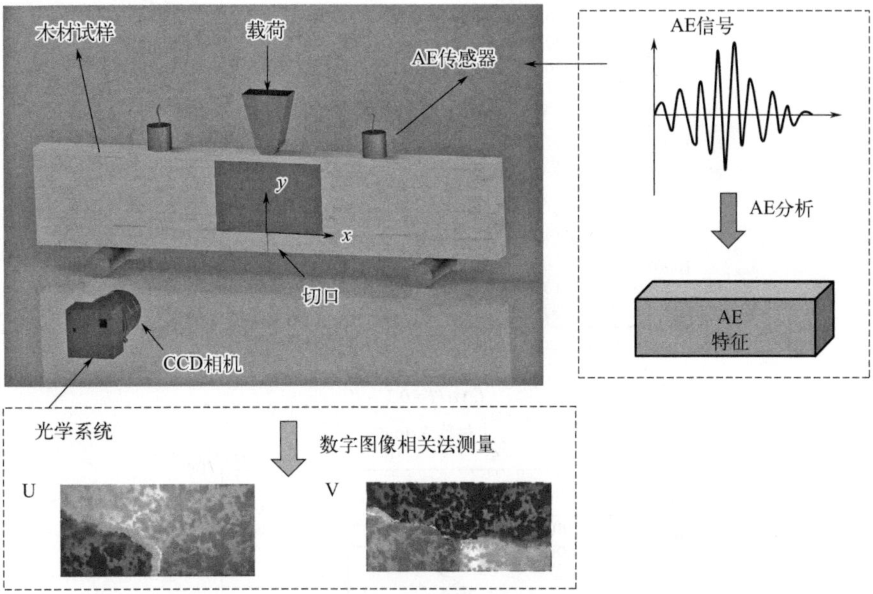

图 3.2 试验系统示意图

3.3 结果与分析

3.3.1 木材裂纹扩展的 AE 参数演化规律

对加载过程中 AE 信号的特征参数进行统计与分析，不同缝高比试件表现出类似的特征，为了更好地展示试验结果呈现的规律，对于不同缝高比试件，只展示其中一个试件的试验结果，如图 3.3 和图 3.4 所示，结果表明：AE 活动与木材断裂试验的不同阶段有关，且 AE 参数水平能够有效反映裂纹扩展过程中木材损伤剧烈程度。图 3.3 和图 3.4 分别为缝高比为 0.1、0.2 和 0.3 时的典型加载-时间（P-t）曲线、AE 计数率和 AE 能量。结果表明，对于讨论的所有试件，载荷最初随着时间的推移稳定增加，而达到峰值载荷后，载荷急剧下降。此外，值得注意的是，在同一变形阶段，不同缝高比木梁的 AE 参数表现出相似的特征。根据试验结果，可将整个断裂过程分为三个阶段。第一阶段，载荷-位移曲线是线性的，试验过程中只产生很少的 AE 事件；第二阶段，当负荷达到峰值的 40%～50%时，AE 计数和 AE 能量开始显著增加；第三阶段，AE 计数和 AE 能量将随着时间持续增加，且更密集地出现峰值。

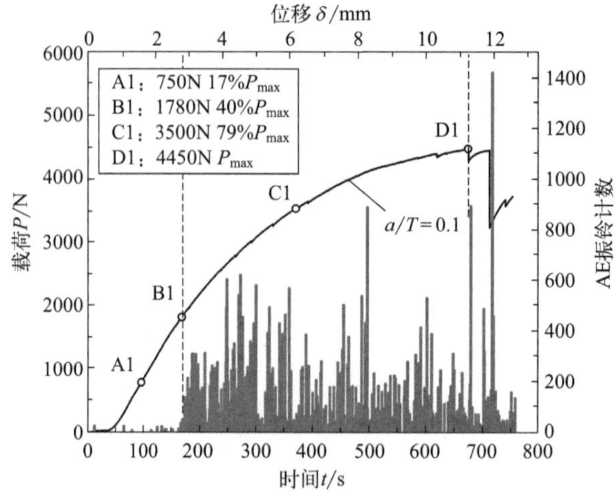

(a) $a/T=0.1$

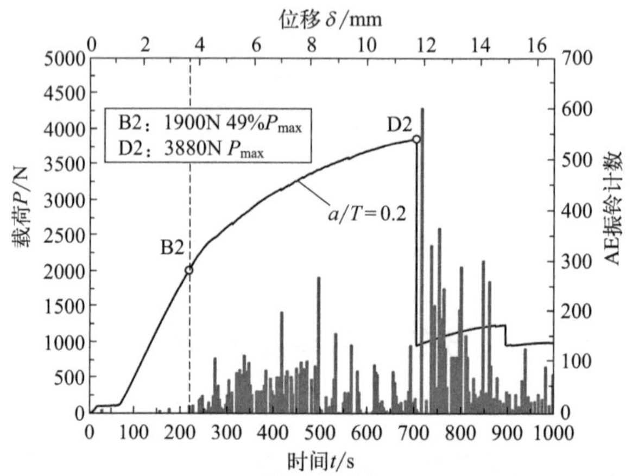

(b) $a/T=0.2$

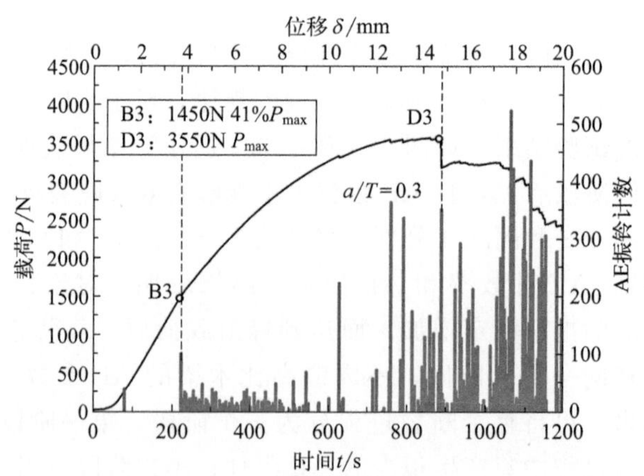

(c) $a/T=0.3$

图 3.3 载荷-时间（P-t）曲线和 AE 振铃计数

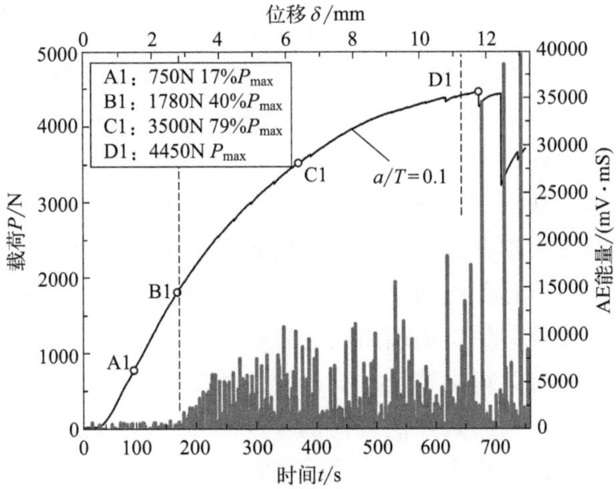

(a) $a/T=0.1$

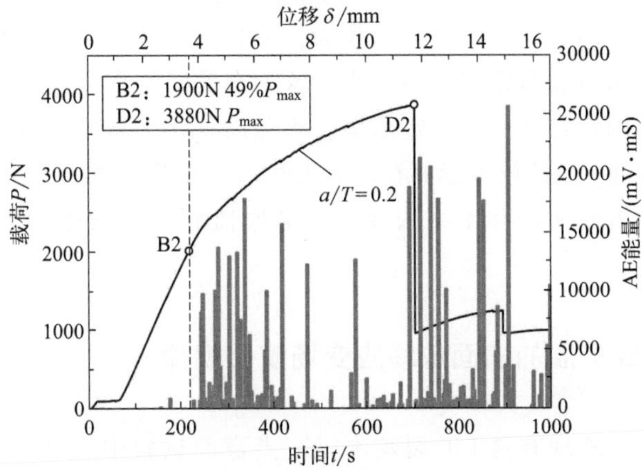

(b) $a/T=0.2$

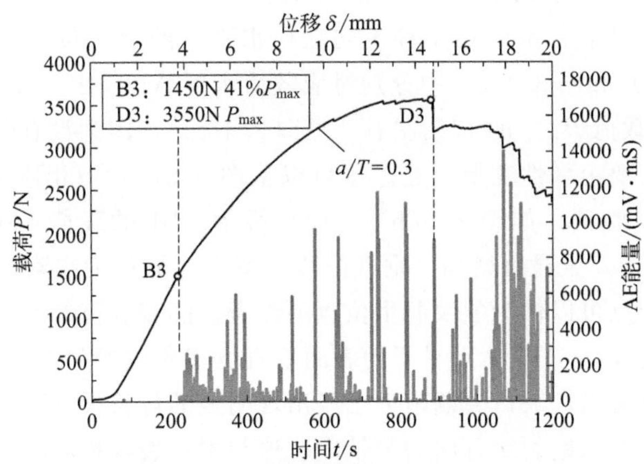

(c) $a/T=0.3$

图 3.4 载荷-时间（P-t）曲线和 AE 能量

记录整个加载期间所记录的 AE 事件，在峰值载荷之前就已经能观察到显著的 AE 活动。通常，AE 事件的发生是判断材料损伤开始的重要特征。从图 3.3 和图 3.4 中可以看出，在弹性阶段之前有一个低计数率和低能量的稀疏 AE 信号，与随后由木梁出现裂纹萌生所引起的密集 AE 计数相比，几乎可以忽略不计。这是因为杉木质软，在初始加载阶段，木梁与加载头和支架的接触位置受压后会发生凹陷变形，从而产生 AE 信号。基于此，我们将密集持续的 AE 信号作为判定木梁预制裂纹尖端开始出现新的裂纹萌生的标志。另外，密集产生 AE 信号的开始时间与载荷位移曲线偏离线弹性区间的时间重合，这种偏离可能是由裂纹的产生引起的，在预制缺口尖端周围的裂纹前沿形成了断裂过程区，在该区域应力趋于集中。因此可以得出结论，第一阶段的变形应该是弹性变形，而木梁的破坏开始于第二阶段，大约是峰值载荷的 40%～50%（见表 3.1）。值得注意的是，在传统的三点弯曲试验中，一般将峰值载荷水平作为判定失效开始的标志。而在本研究中，AE 的监测结果显示大约在载荷水平为峰值载荷的 40%时木梁已经发生裂纹萌生。因此，将峰值载荷作为含 LT 型木梁裂纹萌生的判定依据是不合适的，真实的起裂载荷比峰值载荷小，这为在实际工程应用中评估含 LT 型裂纹承载木梁的结构稳定性提供一定依据。除此以外，在珍贵木质文物或木结构建筑的损伤监测方面，AE 技术能够在木材发生较大的断裂损伤之前检测到裂纹萌生和扩展，这为木质文物和木结构建筑的健康监测和预防维护工作提供了技术支撑。

3.3.2 木材裂纹扩展的表面位移应变场演化规律

为了进一步反映现有含 LT 裂纹木梁三点弯曲试验中试样表面变形的细节，通过 DIC 方法，获得了预制缺口前端的垂直位移 v 和表面应变 ε_{yy}。图 3.5 展示了在 $a/T=0.1$ 时的杉木梁在 4 种不同载荷水平下的垂直位移 v 和应变 ε_{yy} 分布，在图 3.3(a) 和图 3.4(a) 中分别对应载荷水平 A1、B1、C1 和 D1。

A1 为峰值载荷 P_{max} 的 17%左右［见图 3.4(a)］，因为没有断裂或裂纹萌生的迹象，位移主要由弹性变形引起。这可以从图 3.5(e) 中相应的表面应变 ε_{yy} 分布得到进一步验证。如图 3.5(b)、(f) 所示，B1 的载荷水平达到 P_{max} 的 40%，AE 事件的发生显著增加，垂直位移 v 变大，缺口尖端附近有明显的应变集中，应变集中点可以作为裂纹萌生位置的参考。随着载荷的继续增加，在载荷达到峰值载荷之前，C1 载荷水平下的表面垂直位移和应变如图 3.5(c)、(g) 所示，从图中可以看出，缺口尖端附近已经出现明显的位移梯度，应变集中区域扩大且分布于垂直于原始裂纹方向的窄带内，这与木材裂纹扩展路径有关。值得注意的是，较大的位移梯度反映了木材缺口尖端附近位置位移变化的差值较大，这一现象说明木材表面出现了不连续的裂纹面，因此可以将出现显著位移梯度作为

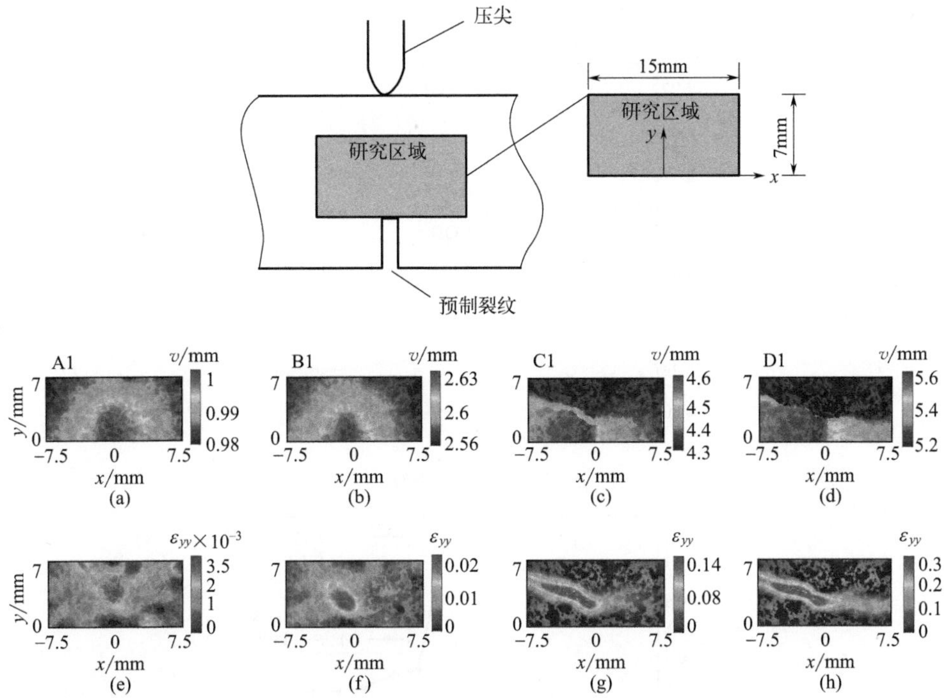

图 3.5 在图 3.4（a）中的加载水平 A1～D1 的垂直位移 v 和表面应变 ε_{yy} 场分布

（a）～（d）：DIC 计算区域中的垂直位移 v；（e）～（h）：DIC 计算区域中的表面应变 ε_{yy}

判断木材断裂或裂纹扩展的标志。这一结论在 AE 检测到的结果中也得到了验证，木材在载荷达到峰值载荷之前已经发生了损伤，并且起裂载荷约为峰值载荷的 40%。因此可以得出结论，当含 LT 型裂缝木梁上的载荷增加到峰值载荷时，裂纹已经从原始缺口尖端开始延伸了一段距离。如图 3.5(d)、(h) 所示，在到达峰值载荷 P_{max} 后，伴随着大量次生裂纹的产生，木材表面主裂纹与其他次生裂纹一起继续扩展，直到木梁完全断裂并失效。根据实验结果，具有不同缝高比的所有试件都表现出相似的行为。因此，AE 技术和 DIC 方法的测试结果可以相互验证。此外，DIC 技术还可以提供木材裂纹尖端附近表面变形场的定量信息。

3.3.3 DIC 方法确定木材裂纹扩展的断裂过程区域

在木材准脆性断裂过程中，断裂过程区域（FPZ）是表征断裂亚临界扩展的微裂隙损伤区域。相关研究表明（Yu et al.，2019），FPZ 尺寸与木材裂纹扩展行为有着密切相关性。因此，准确测量木材裂纹扩展的 FPZ 尺寸对有效监测木材裂纹扩展具有重要意义。事实上，利用 DIC 方法能够根据木材试件表面位移场或应变场的变化来识别裂纹扩展和确定断裂过程区（FPZ）。本书采用 DIC 确定木材裂纹扩展 FPZ 的原理和方法如图 3.6 所示。

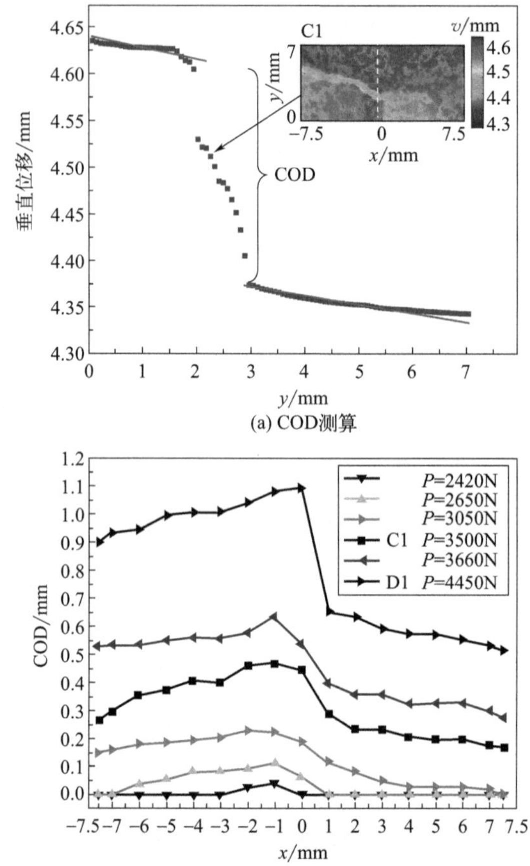

(a) COD测算

(b) COD分布

图 3.6 DIC 位移场得到的裂纹张开位移（COD）

图（a）COD 测算 C1 处的垂直位移 v 等高线（P=3500N）；图（b）中 6 个选定加载水平的 COD 分布为 2420、2650、3050、C1* 3500、3660、4450N

首先根据试件表面位移场选取一条位于预制裂纹尖端的左侧的垂直线（$x=-1$mm），该垂直线上对应不同 y 纵坐标的点所产生的位移值如图 3.6(a) 所示。结果表明，$y=0$ 水平线上方的垂直位移值出现了明显的不连续性，其起始坐标和终止坐标分别为 $y=2.1$mm 和 $y=2.9$mm，垂直位移从大约 4.355mm 变为 4.600mm，因此在缺口尖端上方出现了横向裂纹，通过裂纹相对两侧的垂直位移差来估算裂纹张开口位移（COD），即 $COD_{x=-1}=0.245$mm。以此方法可以获得不同载荷水平下的 COD 值。为了更加清晰地观察木材随载荷变化的裂纹扩展行为，绘制图 3.6(b)，图 3.6(b) 是 COD 在缺口尖端上方的分布图，由于 COD 曲线轮廓与 FPZ 的发展有关（Yu et al.，2019），故可以根据图 3.6 中的垂直位移和 COD 分布来进一步确定木材裂纹扩展的 FPZ 尺寸。

FPZ 指的是裂纹从萌生到不稳定发展的整个区域，其长度可视为木材 FPZ 裂纹扩展前裂纹稳定扩展区的长度。要测量 FPZ 的长度，需要首先定义裂纹尖端的位置。在本研究中，裂纹尖端的位置由 COD 和裂纹的临界应变值确定。由于裂纹扩展从初始位置到最终末梢 COD 值递减最终变为 0，因此 COD=0 的位置可以初步估计为裂纹尖端位置。此外，随着木材裂纹扩展，裂纹两侧各点在沿裂纹张开方向的拉伸应变值也在不断增加，FPZ 的尖端点可定义为该拉伸应变值恰好等于木材横向拉伸应变临界承载力的位置。在本研究中，由 AE 监测来确定木材横向拉伸应变承载能力临界位置。在第 2 章工作的基础上，采用 AE 法确定木材裂纹萌生时刻，同时结合 DIC 计算表面垂直应变场，将裂纹萌生时刻所得到的木材裂纹垂直方向应变作为临界应变值。在此基础上，根据裂纹尖端以上区域的横向拉伸应变达到临界应变值时对应的位置，来最终确定裂纹尖端点。综上所述，根据图 3.6(b) 和裂尖点，可以估算出 FPZ 的大致轮廓，这为用 DIC 和 AE 测量木材裂纹扩展过程的 FPZ 提供了依据，同时，准确测量 FPZ 长度也为动态监测木材裂纹扩展长度提供了可能。

3.3.4 木材裂纹扩展的声学参数与表面位移场的相关性研究

根据 DIC 结果可知，含 LT 型裂纹木梁的裂纹不会沿着预制裂纹的原始方向扩展，而是沿着垂直于原始裂纹的方向扩展，因此裂纹在 x 方向扩展的水平位移定义为裂纹扩展长度。根据 COD 从原始缺口到裂纹扩展末端逐渐减小的规律，也可以从 COD 分布曲线中推导出不同载荷水平对应的 x 方向裂纹扩展长度，如图 3.7 所示。从图中可以看出，对于具有不同缝高比的木材试件，裂纹扩展长度随载荷增大而不断增加，然而，裂纹扩展速率呈现出先增大后减小的趋势，在 50%峰值载荷后的裂纹扩展速率明显低于该载荷水平之前的速率，而裂纹随后扩展得越来越慢，直到裂纹停止扩展。如果载荷继续增加，将会出现新的次生裂纹。这一现象说明了含 LT 型裂纹的承载木梁在主裂纹扩展存在一定收敛性，随着载荷增大，原有的主裂纹不会一直无限扩展，而是会在木梁的其他纤维层产生新的次生裂纹，大量次生裂纹的聚集会导致不同裂纹面之间的相互贯通，最终导致木梁断裂失效。

根据由 DIC 测量得到的裂纹扩展长度，进一步讨论了裂纹扩展长度与 AE 事件之间的关系。如图 3.7 和图 3.8 所示，在裂纹扩展初期，裂纹扩展长度的增长速度比后期快，这种变化规律在 AE 累计振铃计数上也有相似的表现。因此，将试验结果的最大裂纹扩展长度（$\Delta a_{\max}$）进行归一化处理，将最后的总累积 AE 计算作为基准，对累积 AE 计算进行归一化处理，绘制了不同缝高比的试件的相关信息图，从图 3.8 可以看出，不同缝高比的裂纹扩展长度几乎与 AE 累积

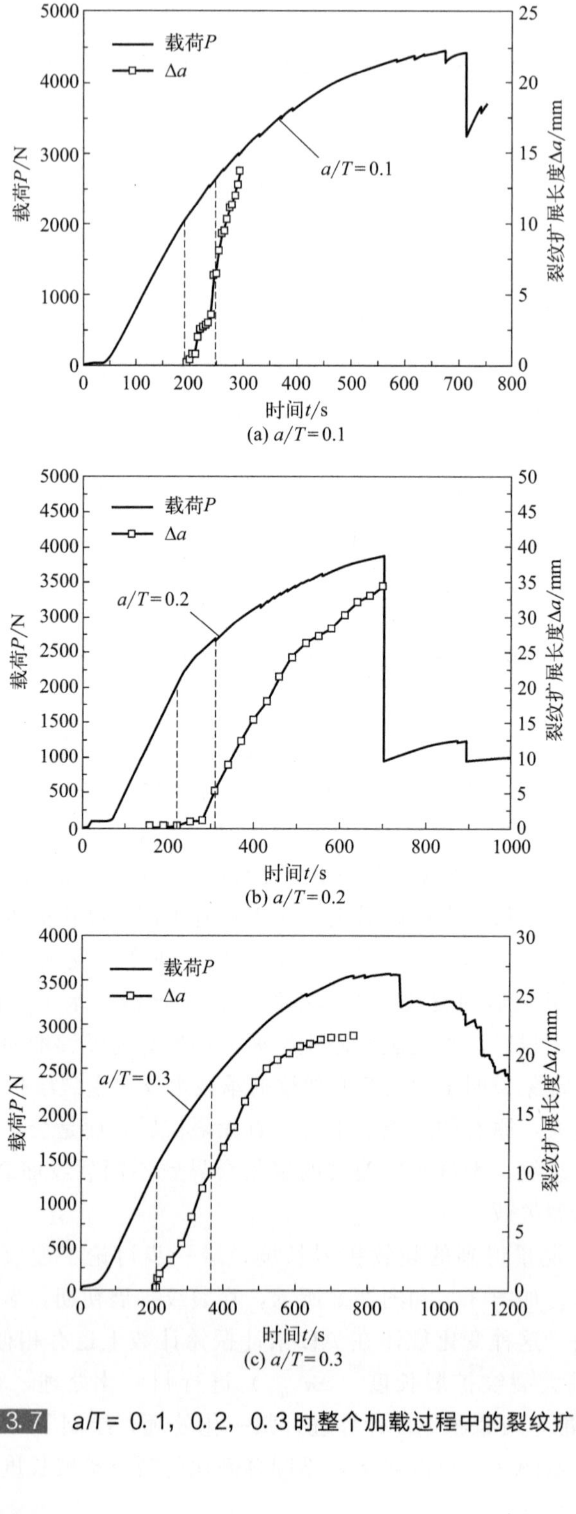

图 3.7 a/T= 0.1，0.2，0.3 时整个加载过程中的裂纹扩展

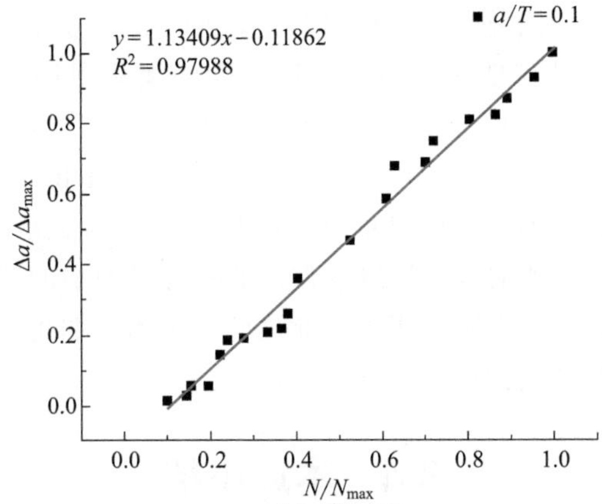

(a) $a/T=0.1$

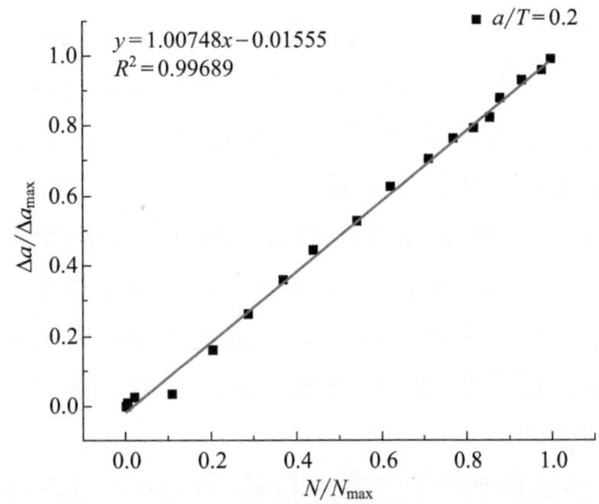

(b) $a/T=0.2$

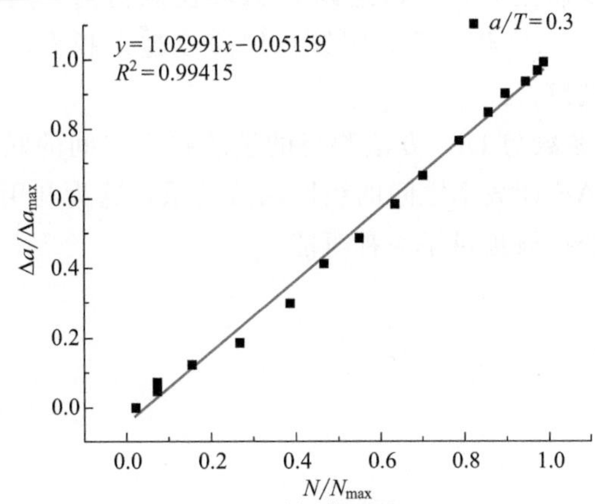

(c) $a/T=0.3$

图 3.8 不同缝高比的裂纹扩展长度与累积 AE 计数的关系

计数成线性相关，相关系数 R^2 如表 3.1 所示，这意味着累积 AE 计数率可能与裂纹扩展长度成正比。因此，可以得出结论，AE 事件随时间的演变特征，可能有助于为通过 DIC 方法阐明木材裂纹扩展长度的变化规律提供有效依据。本研究的创新之处在于建立了杉木裂纹扩展的 AE 累计参数与裂纹扩展长度之间的关系。然而，FPZ 的尺寸是通过 DIC 方法测量的，并且 DIC 系统监控的数据以裂缝的可视化作为基础。如果可以建立 AE 和 DIC 之间的关系，当裂纹不可见时，则可以使用 AE 方法来评估裂纹扩展参数，如断裂过程中的区域面积和裂纹的扩展长度、扩展速率等。在实际应用中，此试验结果为在非可视情况下利用 AE 技术动态监测木材内部裂纹扩展行为提供了依据。

3.4 本章小结

本章利用 AE 和 DIC 方法对含有预制横纹裂纹的木试件的裂纹扩展过程进行了试验研究。通过对试验结果的分析，对试件在加载过程中 AE 参数（振铃计数、能量、幅度、累计振铃计数/能量）的变化规律进行了细致的讨论。分析和总结了试验现象和结果，得出以下结论。

① 结合 AE 和 DIC 方法能综合反映木梁内部损伤演变规律和木梁表面的位移场和应变场变化规律，二者相结合能够原位监测含横纹裂纹木构件微裂纹的扩展。木材的 AE 参数特征和表面相对变形变化规律所反映的木材微裂纹萌生和扩展规律一致，进一步验证了利用 AE 参数（振铃计数、能量、幅度）可对木材裂纹演化状态进行预判。

② 根据 DIC 位移场得到的裂纹张开位移（COD）可以精确计算裂纹扩展长度和扩展速度。裂纹萌生后，载荷达到 50%峰值载荷前，裂纹的扩展速度逐渐加快，载荷达到 50%峰值载荷后，裂纹扩展速度越来越慢，直至主裂纹停止扩展，产生其他次生裂纹。

③ 建立了 AE 参数与 DIC 方法测得的裂纹扩展之间的联系，确定了木材裂纹扩展长度与累积 AE 计数率之间的线性函数关系，这为利用 AE 技术监测木材内部不可视化裂纹的扩展提供了一种可能。

4

基于内聚力模型的杉木裂纹损伤演化本构曲线与有限元模拟

4.1 引言

本书前面章节对木材裂纹萌生和扩展的声学参数和表面位移应变场进行了研究，并建立了木材断裂过程中 AE 参数与木材表面应变场变化的对应关系，实现了对于杉木宏观裂纹演化过程检测方法和损伤评价的体系构建。为了进一步研究木材裂纹萌生和扩展的损伤机理，确定木材损伤演化的本构关系，还需要对杉木裂纹损伤演化的本构模型进行深入的研究。由于木材是特殊的准脆性材料，其特征是在裂缝尖端发展之前存在一个较大的断裂过程区（FPZ）。在该 FPZ 中，各种增韧机制被驱动，例如微裂隙损伤、裂纹桥接。因此，需要使用非线性断裂理论来描述准脆性材料的断裂行为。内聚力模型是表征准脆性失效的最简单和最有效的模型之一（Elices et al.，2002；Bažant，2002；Planas et al.，2003），为了更加准确地描述木材的准脆性破坏，一般需要使用凹软化本构曲线或它的双线性软化近似。

基于此，本书采用内聚力双线性软化本构模型研究杉木裂纹损伤演化过程，基于杉木 DCB 双悬臂梁试验，根据等效 LEFM R 阻力曲线与双线性软化曲线的双射关系，确定杉木双线性软化本构模型的特征参数。同时基于 ABAQUS 软件应用双线性软化本构模型模拟杉木裂纹损伤演化过程，并对比实际试验与模拟结果，评估内聚力模型在模拟杉木裂纹萌生与扩展行为的适用性。

4.2 内聚力模型及损伤演化

4.2.1 内聚力双线性软化本构模型及关键参数

对于准脆性材料（尤其是土木工程中使用的材料，如混凝土和砂浆、岩石、木材和木材刨花板）而言，断裂最显著的特征在于存在一个较大的断裂过程区（FPZ），它位于裂纹尖端前方并先于裂纹扩展。在该 FPZ 中，各种增韧机制被激化，例如微裂隙、裂纹分支以及裂纹桥接。因此，需要使用非线性断裂理论来描述准脆性材料的断裂行为。内聚力模型是表征准脆性材料失效的最简单和最有效的模型（Elices et al.，2002；Bažant，2002；Planas et al.，2003）。已有的研究表明，准确描述混凝土、岩石和木材的准脆性破坏需要使用凹面软化行为或其双线性近似，它能够以合理的精度描述准脆性破坏。图 4.1 是双线性软化与线性软化的内聚力本构曲线，从图中可以看出，当准脆性材料受载产生损伤后，内聚应力随位移变化的斜率呈现双线性软化的特征，双线性软化可以看作两个不同软化刚度的线性软化阶段，它们分别受材料不同增韧机制的影响。因此，为了准确模拟木材准脆性断裂过程，本章基于内聚力双线性软化曲线来研究杉木裂纹损伤演化本构模型并进行关键参数测定。

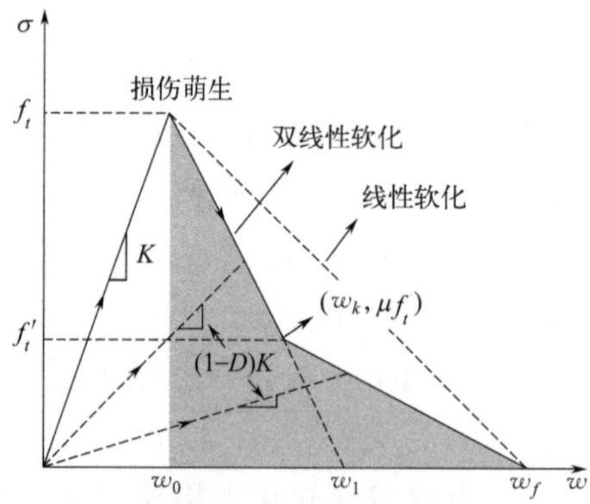

图 4.1 内聚力本构曲线

内聚力模型的基本假设是，对于沿着木材纤维方向的Ⅰ型失效，断裂过程区域（FPZ）可以通过虚构的线裂纹（通常以插入零厚度内聚力单元为特征）来描述，该裂纹传递法向应力。这些应力的大小是界面开口位移 w 的函数（单调递减）：$\sigma = f(w)$，这被称为软化特性（Hillerborg et al.，1976；Petersson，1981）。根据图 4.1 给出的断裂过程中裂纹面上的内聚力随裂纹张开口位移的演化关系可知，当裂纹面张开口位移由 w 扩展至 w_0 处时，内聚力达到峰值 f_t，此时界面开始出现损伤响应即损伤开始。随着裂纹面扩展所消耗的能量达到材料的断裂能 G_F（即图中阴影部分的面积，张开位移为 w_f）时，界面完全破坏且不再传递应力。D 表示裂纹表面与裂纹单元边缘相交处的平均损伤，其初始值为 0。双线性软化曲线相较于线性软化曲线增加了一个转折点，此点的位移值由 w_k 表示，应力比由 μ 表示。在 ABAQUS 中，双线性软化本构模型的实现需要引入损伤变量 D，通过在每一增量步中分离位移 w 来更新损伤变量 D 的值，该值从损伤开始后沿着内聚力双线性软化曲线从 0 演化至 1。

假设整个加载过程中的牵引分离满足双线性软化关系，则损伤变量 D 与分离位移 w 的关系如式（4-1)、式（4-3）所示。

损伤演化第一阶段，定义损伤变量 D_1 为：

$$D_1(w)=\frac{w_1(w-w_0)}{w(w_1-w_0)},\quad w_0<w<w_k \tag{4-1}$$

由损伤变量可得裂纹面等效内聚力为：

$$\begin{cases} f_t'=(1-D_1)f_t, f_t\geqslant 0 \\ f_t,\text{其他(压缩刚度无损)} \end{cases} \tag{4-2}$$

损伤演化第二阶段：

$$D_2(w)=1-\frac{\mu f_t(w_f-w)}{Kw(w_f-w_k)}, w_k<w<w_f \tag{4-3}$$

$$f_t'=(1-D_2)f_t \tag{4-4}$$

式中，K 为材料的初始刚度。

图 4.2 展示了木材裂纹损伤的渐进演化过程，在木材裂纹萌生期间，在裂纹尖端的前面形成了一个断裂过程区域（FPZ)，其中有许多微裂纹。微裂纹构成分层开裂的前沿，其在分层前沿之前已具有微裂隙损伤。现有微裂隙的结合形成了宏观裂纹，这些裂纹会扩散。在裂纹扩展过程中，在薄弱区域，裂纹尖端的后面会发生纤维的桥接作用，随着断裂面的完全分离，该作用逐渐减弱，纤维不断

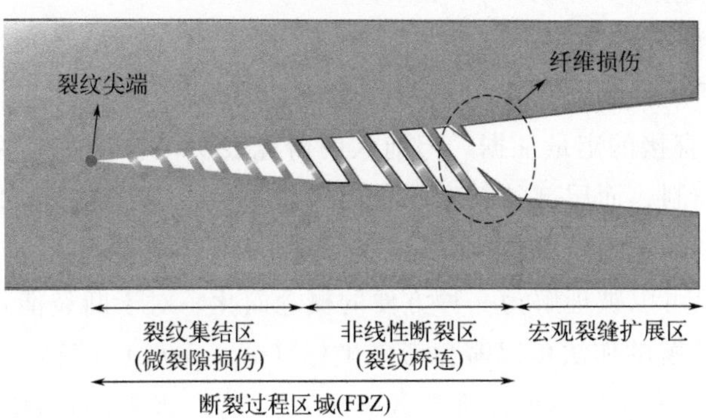

图 4.2 木材裂纹损伤的渐进演化过程

损伤直到木材发生断裂。在实木和木基复合材料中，桥连过程会导致能量耗散，从而极大地影响其断裂性能。为了进一步展现微裂隙损伤和桥连作用对木材断裂过程的影响，本研究参考相关文献，采用双线性模型来近似表达软化特征。

木材内聚区模型中使用的双线性软化模型如图 4.3 所示，内聚力断裂能量 G_f（应力-开口位移曲线下的面积）对应于任意定义的能量之和 $G_{f\mu}$ 和 G_{fb}。这在概念上分别与微裂隙和裂纹桥连现象有关。当内聚区的法向应力 σ 达到抗拉强度 f_t 时，内聚区打开，同时将正常应力从一个面转移到另一个面。内聚区的法向应力相对开口位移 w 减小，并在某个临界开口 w_c 处变为零，即 $\sigma=f(w_c)=0$。整个应力-开口位移曲线下的面积通常称为内聚力断裂能 G_f，即在给定点完全分离界面所需的总能量，并用此表示裂纹平面的单位面积。

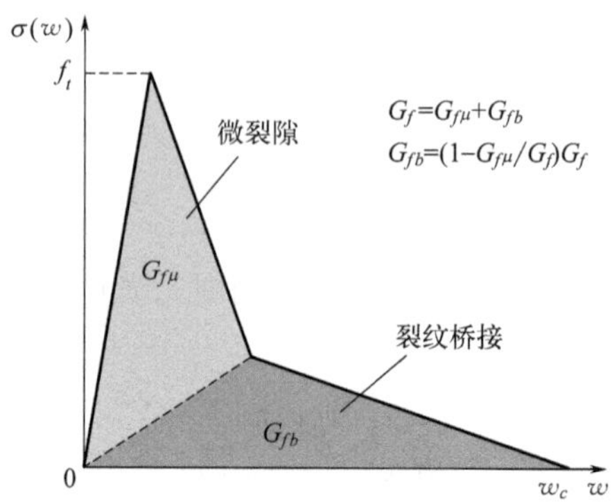

图 4.3　木材的双线性内聚力模型

在本研究中，定义双线性软化曲线的 4 个关键参数如下：

a. 内聚力断裂能量 G_f，J/m^2；

b. 微裂隙损伤和裂纹桥接内聚能之间的能量分布 $G_{f\mu}$ 和 G_{fb}，由比率定义，$\varphi=G_{f\mu}/G_f$；

c. 临界裂纹张开口位移 w_c，mm；

d. 抗拉强度 f_t，MPa。

如图 4.3 所示，$G_{f\mu}$ 和 G_{fb} 能量之和对应于内聚能量 G_f，即 $G_f=G_{f\mu}+G_{fb}$。虽然没有直接的定量证据，但前人的研究表明，软化曲线的初始下降陡峭由微裂隙损伤控制，而尾部的轻度软化由裂纹桥接机制控制；从这个意义，$G_{f\mu}$ 和 G_{fb} 可以分别解释为与微裂纹和裂纹桥接内聚行为相关的能量，尽管分区显然不是唯一的，但可以被理解为一种方便的概念简化。对于断裂能量 G_f 由两个组分 $G_{f\mu}$ 和 G_{fb} 分解的作法可以避免考虑坐标（w_k，μf_t）（图 4.1 中两条直线之间的交叉点)，有利于用单个无维参数 φ（$G_{f\mu}/G_f$）来表征微裂隙损伤现象和裂纹桥接现象之间的内聚能分布。

4.2.2 R 阻力曲线与双线性内聚力参数的关系

如图 4.4 所示，根据木材 FPZ 演化规律，沿纤维方向的裂纹扩展由两部分组成，在概念上分别与微裂纹和裂纹桥接现象有关（Morel et al.，2010）。由于存在裂纹桥接现象，线性弹性断裂力学（LEFM）不能直接用于描述木材中的准脆性裂缝。通常采用所谓的“等效 LEFM”来提供有效的断裂性能近似值（De Moura et al.，2018）。长度为 a 的等效弹性裂纹是等效 LEFM 中的基本参数之一。这个等效的线性弹性裂纹的尖端并不是位于 FPZ 的起点，而是在起点前方的一段距离 a_c 处，$a_c = a_0 + \Delta a_c$，其中 a_0 是预置裂纹的长度。基于等效 LEFM 理论，学者计算了木材的断裂韧性和 R 曲线（Morel & Mourot，2003；Coureau et al.，2013）。根据等效 LEFM 理论，由于存在 FPZ 的发展或主裂纹的扩展，给定缺口试样的柔度增加可以归因于等效 LEFM 裂纹的扩展（即对于无牵引力的尖锐裂纹，由 LEFM 可知，该裂纹与 FPZ 的实际裂纹具有相同的割线柔度）。等效 LEFM 裂纹长度是一种被定义为近似纯线性弹性结构的裂纹长度。本研究确定 R 阻力曲线的方法遵循以下 3 个步骤。

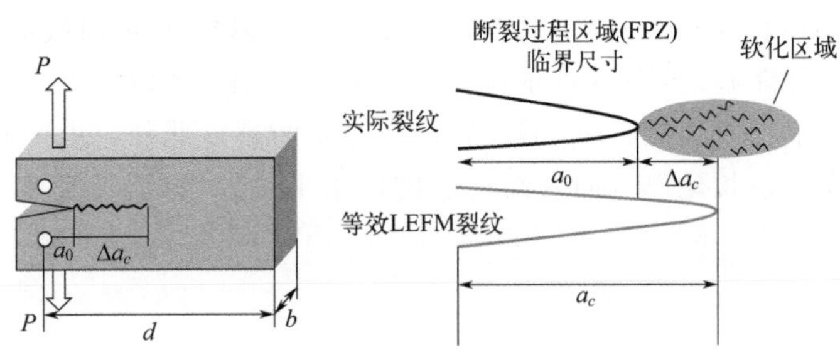

图 4.4 等效 LEFM 裂纹

① 对于实验载荷-位移曲线上的点（δ，P），确定割线柔度函数 $\lambda = \delta / P = \lambda(a)$。

② 等效 LEFM 裂纹长度 a 大小的确定建立在测量断裂过程区域长度的基础上，本研究采用 DIC 方法跟踪试件表面位移场的不连续性并测量裂纹的实际扩展长度来表征裂纹长度 a，方法详见 3.3.3 节。

③ 根据以下表达式确定能量释放率，该值在静态裂纹扩展中必须与裂纹扩展阻力 G_R 一致。

$$G(a) = \frac{P^2}{2b} \times \frac{\partial \lambda(a)}{\partial a} \tag{4-5}$$

式中，b 是试件的厚度。当应用在载荷-位移响应的任何点时，抗裂纹扩展

G_R 的抵抗力随相应的方程式而改变。随裂纹长度 a 变化的 R 阻力曲线通常称为 R 曲线。

$$W_F=\int_0^{\delta_F}P(\delta)\mathrm{d}\delta=b\int_{a_0}^{d-a_0}G_R(a)\mathrm{d}a \tag{4-6}$$

$$G_F=\frac{W_F}{b(d-a_0)}\approx G_{Rc} \tag{4-7}$$

为了进一步描述木材准脆性破坏的内聚力裂纹扩展过程，在瞬变内聚区裂纹开始扩展后，主裂纹发生稳态扩展。为了说明这种现象，图 4.5 中绘制了典型的 R 阻力曲线（针对 DCB 几何结构获得），以及相对等效 LEFM 裂纹长度变化函数裂纹扩展阻力 $G_R(a)$ 的演变，其中等效 LEFM 裂纹长度增量为 Δa。图 4.5 清楚地表明，在与 R 曲线的上升部分相关的等效 LEFM 裂纹长度 a 增加之后，裂纹扩展阻力保持不变，即材料对裂纹扩展的抵抗能力显示出平稳值。裂纹长度增量可表示主裂纹及其临界内聚区的稳态扩展。在这种情况下，稳定阻力与内聚断裂是相等的，即 $G_{Rc}=G_f$。值得注意的是，稳态传播需要达到三个条件：①裂纹扩展路径分布内聚应力；②稳态传播期间内聚区扩展长度 Δa 保持恒定；③无应力裂纹与 LEFM 弹性裂纹扩展了相同的长度。此外，基于能量守恒原则，在稳态裂纹扩展的情况下，内聚断裂能 G_f、稳定阻力 G_{Rc} 和平均断裂能 G_F 应该相等（$G_f=G_{Rc}=G_F$）。因此，可以使用 R 曲线的平稳值 G_{Rc} 来估计内聚断裂能 G_f。在这种情况下，使用 G_{Rc} 比使用 G_F 更可取，因为如果要精确测量平均断裂能，G_F 需要将试样完全断裂。此外，由于载荷-位移曲线通常会出现一条长尾巴（曲线渐近地接近水平轴），这会使精确测量该区域更加困难。

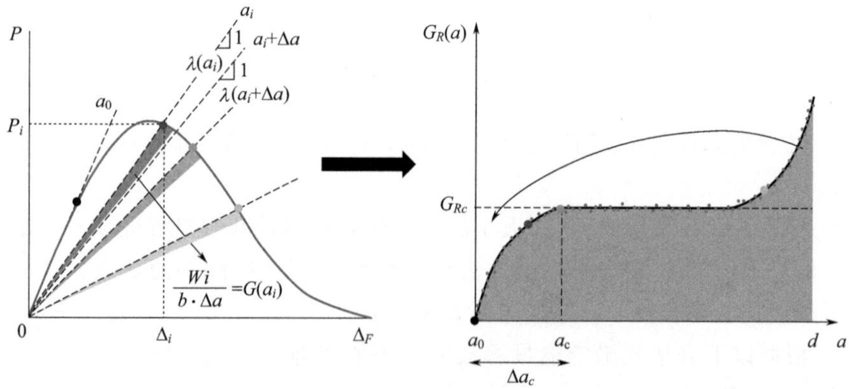

图 4.5 载荷位移（P-Δ）曲线和 R 阻力曲线的关系

利用阻力 R 曲线确定双线性软化曲线关键参数的方法参见 Dourado、Morel 等（2008）的研究成果，本研究推导双线性内聚力参数的一般步骤如下。

① 对 DCB 试样进行稳定的载荷位移试验，并计算实验 R 阻力曲线。

② 在实验 R 曲线的基础上，定位曲线平台并确定其上的平稳值 G_{Rc} 和从起始点开始延伸的等效 LEFM 裂纹长度 Δa_c，令内聚力断裂能量 $G_f=G_{Rc}$。

③ 基于 DIC 方法计算木梁表面位移场，根据位移场的不连续性精确测量临界裂纹张开口位移 w_c，方法详见 3.3.3 节。

④ 根据幂函数拟合公式计算 f_t。

$$f_t=0.0916\sqrt{\frac{EG_f}{b}}\left(\frac{b}{0.2G_f}\right)^{2/3} \tag{4-8}$$

式中，E 为杨氏模量；b 为试件厚度；G_f 为内聚力断裂能平稳值。

⑤ 表征具有内聚裂纹特性 R 曲线的平稳值（即 G_f 和 w_c），其初始部分 f_t 已经确定，唯一剩下的参数是内聚能量分布的比率 $\varphi(G_{f\mu}/G_f)$。在这种情况下，不可能找到一个变量的函数来描述其影响，因为该参数主要影响 R 曲线的中心部分和峰值载荷，同时它会耦合到 f_t 和 w_c 参数上。因此，直接迭代以拟合 R 曲线上中心点的值（或峰值载荷）来确定内聚能分布是最高效的方法之一。本研究采用迭代拟合 R 曲线在达到内聚力断裂能平台值之前的中心点来确定 φ 值。

4.3 DCB 试验确定杉木软化本构曲线

4.3.1 试件制备与试验装置

如图 4.6 所示，试件采用杉木，制成双悬臂梁结构，气干后木材平均含水率为 10%。木梁尺寸为 b(20mm)×h(20mm)×l(200mm)，先在木梁左侧的中心沿纵向锯出 18.5mm(纵向)×3mm(宽度) 的裂纹，然后用锋利的刀片沿 L 方向切出 (1.5±1)mm 的预制裂纹。最后，在两个分开的悬臂的中心钻一个直径为 4mm 的孔，其中 $a_0=20$mm，$d=190$mm。木梁表面用白色和黑色漆喷涂白底黑色的均匀散斑备用。如图 4.7 所示，试验设备为电子万能力学试验机、AE 单通道传感器和 DIC 数字相关法测试系统。在本试验中，声发射传感器的主要用途为确定裂纹萌生的起始时刻，故只布置单个传感器于双悬臂梁上端，在试验过程中将监测到第一个超过阈值的 AE 信号作为判定裂纹开始萌生的标志。力学试验机控制加载速率和载荷大小，设置拉伸方向加载速度为 5mm/min。工业 CCD 相机设置图像采集频率为 1Hz，如图 4.8 所示，在裂纹尖端同一垂直线上选取 A 点和 B 点，裂纹张开口位移 COD 由 A 点和 B 点的相对位移来确定，同时跟踪木梁表面散斑的位移变形，根据位移场不连续性准确测量裂纹的扩展长度 Δa，方法详见 3.3.3 节。

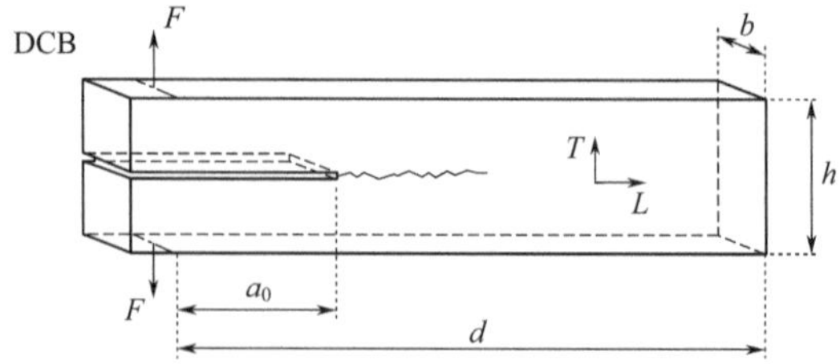

图 4.6　杉木双悬臂梁试件尺寸

图 4.7　试验装置

图 4.8　DCB 双悬臂梁试验

4.3.2 等效 LEFM-R 阻力曲线计算与绘制

如图 4.9 所示为试件 D1-D19 双悬臂梁试样的载荷-位移（P-Δ）相关图，从图中可以看出所有杉木样件在 DCB 试验过程中的载荷-位移变化规律相同，随着拉伸载荷的不断增大，试样在线弹性阶段未发生明显裂纹开口位移，直到载荷到达峰值载荷，木梁开始发生顺纹开裂，载荷随之下降，杉木裂纹进入稳态扩展直到木梁完全失效。图 4.10 所示为编号为 D01～D20 的断裂后试样，从图中可以看出，部分试件的裂纹已经贯穿整个木梁，在这种情况下，由于木梁的长度没有覆盖完整的稳态传播裂纹长度，故所测绘的阻力 R 曲线将包含 R 曲线平稳值和平稳值之前的部分。

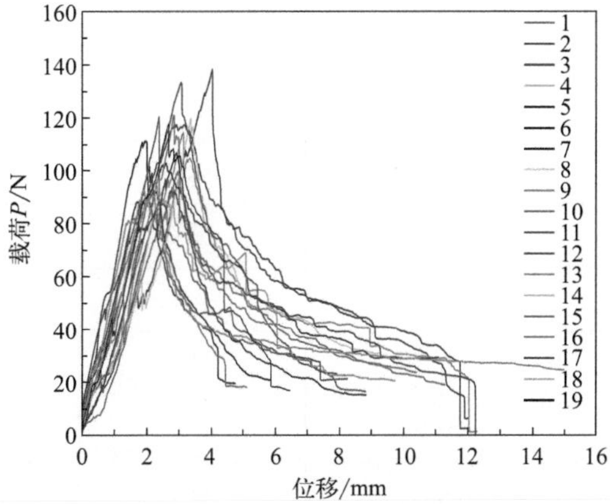

图 4.9 DCB 试样载荷-位移曲线（见书后彩插）

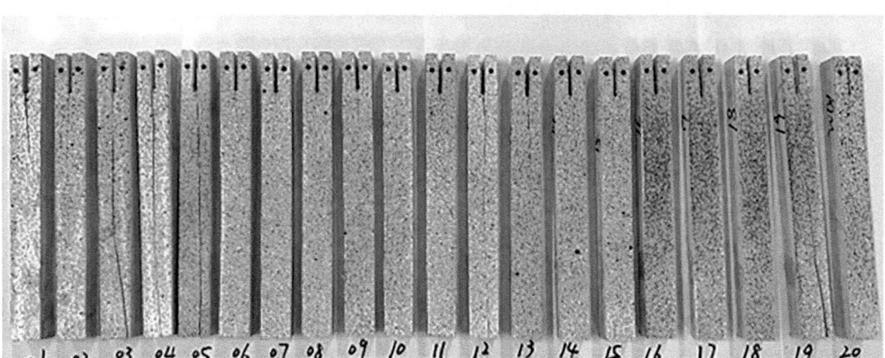

图 4.10 DCB 试样（完全断裂后）

由图 4.5 可知，等效 LEFM 裂纹长度的精确估计是获取材料 R 阻力曲线的重要因素，本研究采用 DIC 方法测量裂纹尖端位移场从而估算等效 LEFM 裂纹长度，根据位移场的不连续性计算木材裂纹扩展长度 Δa，具体实施方法详见 3.3.3 节，并根据等效 LEFM 裂纹长度绘制 R 阻力曲线，试件 D07 的 R 阻力曲线如图 4.11 所示，取能量释放率的平稳值为内聚力断裂能 G_{RC}，试件 D07 的内聚力断裂能为 207.4J/m^2，其他各试件相关测试参数结果见表 4.1。

表 4.1 各试件测试参数结果

试件编号	λ (a_0) /(10^{-3}mm/N)	a_c /mm	内聚力断裂能 G_{Rc}/(J/m^2)
D01	19.42	23.5	197.1
D02	22.23	25.9	204.6
D03	18.18	22.5	187.4
D04	28.57	30.5	215.4
D06	33.13	33.7	220.8
D07	23.45	26.1	207.4
D08	20.56	24.5	201.9
D09	28.89	23.6	195.7
D10	19.98	22.1	183.0
D11	25.54	28.2	215.1
D12	23.67	27.7	210.9
D13	18.78	21.5	174.1
D14	18.08	22.1	175.7
D15	26.86	29.5	213.2
D16	25.51	29.1	209.5
D17	32.01	31.9	217.4
D18	19.99	24.1	199.1
D19	21.33	24.7	205.9
平均值	23.68	26.1	201.9

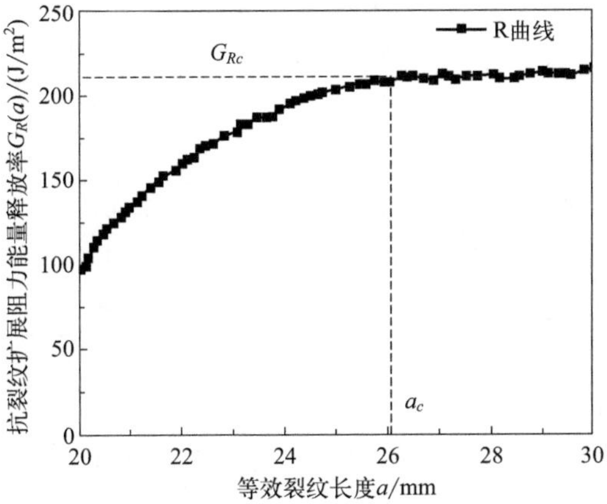

图 4.11 试件 D07 抗阻力曲线

4.3.3 双线性软化本构曲线确定

根据 4.2.2 节所研究的木材 R 阻力曲线与双线性内聚力软化本构模型的双射关系以及相关计算公式，杉木双悬臂梁试验试件 D01～D19 的本构曲线特征参数计算结果如表 4.2 所示。根据试验结果计算平均值，最终确定内聚力断裂能 G_f 为 201.9J/m^2，抗拉强度 f_t 为 6.31MPa，内聚能分布系数 φ 为 0.537，临界张开口位移 w_c 为 1.29mm。为了方便编写用户子程序 VUMAT，本章进一步将杉木内聚力软化本构曲线的特征参数以坐标形式表征，如图 4.12 所示，求解坐标（f_b，w_b）可以更快确定双线性软化本构模型的形状。

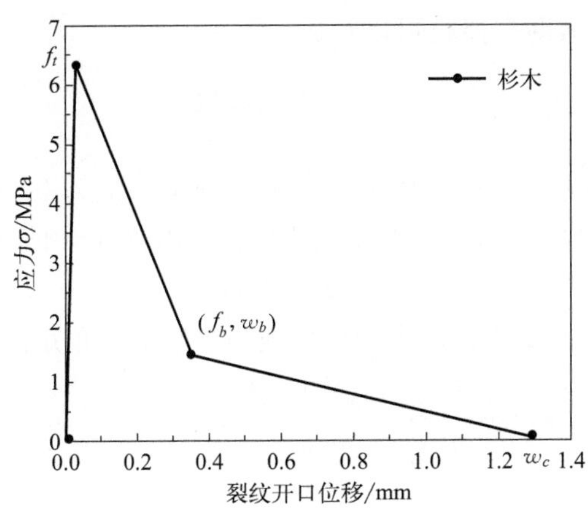

图 4.12 杉木裂纹损伤演化本构模型

表 4.2　各试件双线性本构曲线特征参数

试件编号	G_f /(J/m²)	f_t /MPa	φ ($G_{f\mu}/G_f$)	w_c /mm
D01	197.1	6.34	0.562	1.22
D02	204.6	6.29	0.512	1.35
D03	187.4	6.39	0.601	1.15
D04	215.4	6.24	0.499	1.47
D06	220.8	6.21	0.495	1.58
D07	207.4	6.28	0.508	1.41
D08	201.9	6.31	0.523	1.32
D09	195.7	6.34	0.551	1.21
D10	183.0	6.42	0.611	1.11
D11	215.1	6.25	0.501	1.45
D12	210.9	6.27	0.505	1.31
D13	174.1	6.47	0.625	0.90
D14	175.7	6.46	0.614	0.90
D15	213.2	6.25	0.505	1.40
D16	209.5	6.27	0.501	1.43
D17	217.4	6.23	0.499	1.50
D18	199.1	6.33	0.540	1.25
D19	205.9	6.29	0.509	1.38
平均值	201.9	6.31	0.537	1.29

由于双线性软化应力模型下的总面积对应于内聚断裂能 G_f，即完全分离杉木裂纹界面所需要的能量，并且等于微裂隙损伤能量和桥连作用能量的总和，即 $G_f=G_{fl}+G_{fb}$。内聚断裂能也可以写成：

$$G_f=\frac{f_t w_b}{2}+\frac{f_b w_c}{2} \tag{4-9}$$

应力峰值 f_t 所对应的 w_0 在实验中测到的平均值为 0.06mm，为了简单起见，该项在等式中可以被忽略。因此，软化关系由等式（4-10）给出：

$$\sigma=(\boldsymbol{I}-\boldsymbol{E})Dw \tag{4-10}$$

式中，$\boldsymbol{I}$ 表示单位矩阵，$\boldsymbol{E}$ 表示包含损伤参数的对角矩阵。

$$e=\frac{w_b(w-w_0)(1-\beta)}{w(w_b-w_0)},w_0\leqslant w\leqslant w_b \tag{4-11}$$

$$e=1-\frac{\beta w_b(w_c-w_0)}{w(w_c-w_b)},w_b\leqslant w\leqslant w_c \tag{4-12}$$

$$\beta=\frac{f_b w_0}{f_t w_b} \tag{4-13}$$

因此，杉木应力软化本构模型由独立的参数 w_b、f_b、f_t 和 G_f 定义。本研究定义杉木双线性软化本构模型的坐标（f_b,w_b）为（0.34,1.31），其他关键点的坐标为（0,0），（0.06,6.31），（1.29,0）。

4.4 杉木梁断裂试验数值模拟结果与分析

4.4.1 内聚力模型的 VUMAT 用户子程序开发

由于目前 ABAQUS 中自带的内聚力模型只有传统的双线性模型（即线性软化），而本研究中适用于杉木裂纹损伤演化的本构模型为双线性软化，故只能通过用户定义子程序 VUMAT 的方式实现。本章 VUMAT 用户子程序的编写基于 Fortran 格式代码，主要通过材料参数的定义（将内聚力软化本构模型参数传递给用户子程序），提供模拟杉木梁的损伤失效判据（二次名义应力准则），同时对计算界面状态损伤和损伤刚度矩阵以及更新损伤状态变量（单元的映射）几个模块进行子程序的编译，详细 VUMAT 子程序代码见本书附录 A。

4.4.2 模型建立及材料参数

有限元模拟采用商业软件 ABAQUS，三维实体模型如图 4.13 所示，双悬臂梁尺寸与 4.3.1 节试件尺寸一致，为 200mm×20mm×20mm（$L\times T\times R$），三点弯曲梁尺寸与 3.2.1 节试件尺寸一致，为 390mm×40mm×20mm（$L\times T\times R$），三点弯曲梁模型预制缺口的缝高比为 0.1、0.2、0.3。杉木梁实体单元类型为 C3D8R，由于杉木的材料属性具有特殊的各向异性，在对木梁实体进行材料属性赋值时采用局部坐标系。根据木材的纹理方向，设置 $L\times R\times T$ 方向的材料属性如表 4.3 所示。为了更好地捕捉木材的裂纹扩展行为，根据杉木先验的裂纹扩展路径插入内聚力单元。其中在双悬臂木梁模型的预制裂缝延伸平面内铺设一层零厚度内聚力单元，在三点弯曲木梁模型预制缺口尖端垂直于缺口方向铺设一层零厚度内聚力单元（如图 4.14 所示），单元类型为 COH3D8，该内聚力单元所执行的本构模型采用 4.3.3 节所推导的双线性软化本构模型，通过用户子程序 VUMAT 将材料参数传递到后台进行计算，模拟杉木梁的断裂过程。加载过程中采用位移加载的方式，木梁上方中部加载端施加位移载荷，木梁下方为两个固定支座。为了更加精确地解析裂纹尖端位置的边界应力并提高收敛性，对加载端、支座与木梁接触位置以及预制裂纹尖端位置进行分区精细化网格划分。

表 4.3　杉木材料属性

种类	密度 /(g/cm³)	E_L /MPa	E_R /MPa	E_T /MPa	μ_{TL}	μ_{RL}	μ_{TR}
杉木	3.65	12200	1200	610	0.47	0.2	0.43

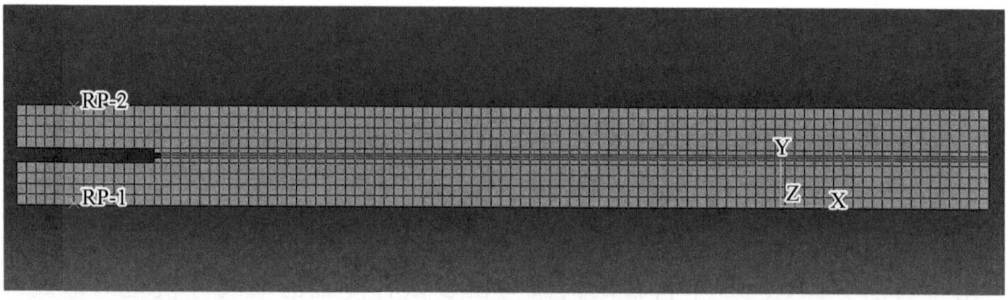

(a) 双悬臂梁

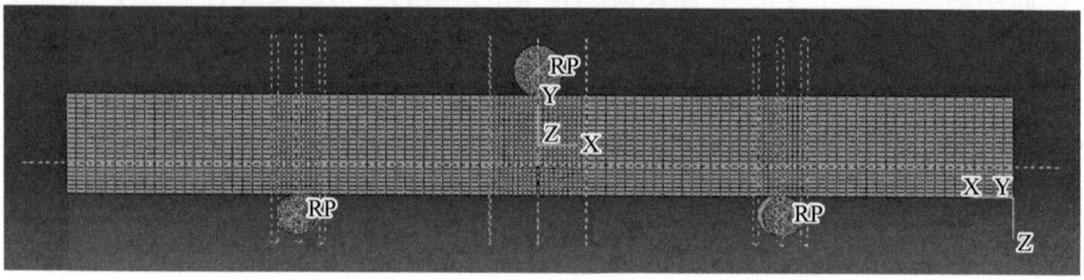

(b) 三点弯曲梁

图 4.13　木梁实体模型与网格划分

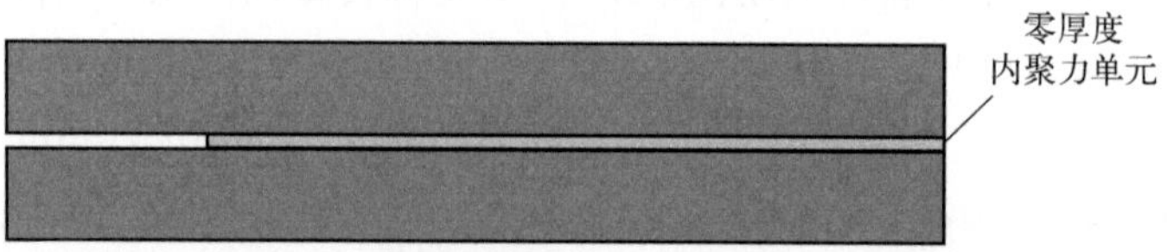

(a) 双悬臂梁

(b) 三点弯曲梁

图 4.14　内聚力单元插入位置

4.4.3　仿真结果

本节将 4.3.3 节确定的双线性软化内聚力模型参数引入 ABAQUS 软件进行

杉木双悬臂梁拉伸顺纹断裂试验和三点弯曲梁横纹断裂过程模拟，其中横纹断裂采用三组不同缝高比杉木试样，DCB 试验有限元模拟结果和加载过程中的位移-载荷曲线，以及该曲线与试验结果的对比情况如图 4.15 和图 4.16 所示。由图 4.15 可以看出，采用零厚度内聚力单元模拟杉木裂纹顺纹扩展过程具有良好的适用性，通过在裂纹扩展路径插入内聚力单元并定义内聚力软化行为，可以精准地描述杉木 DCB 试验的完整裂纹传播过程，从加载初期到裂纹扩展，有限元模拟结果与实际试验过程相吻合。为了进一步验证本研究所确定的内聚力双线性软化本构模型特征参数的有效性，将 DCB 试验的有限元仿真结果与实际试验结果的载荷-位移曲线进行对比，如图 4.16 所示，在载荷上升阶段二者表现出良好的一致性，且峰值载荷分别为 90N 和 93N，随着裂纹的萌生和扩展，载荷开始下降，实际试验过程中裂纹扩展会受到双悬臂梁夹具的摩擦力影响，导致裂纹扩展到一定长度后停止扩展，载荷受力趋于恒定。而有限元模拟结果载荷会随位移不断下降最后无限接近 0，且扩展裂纹可以将木梁贯穿，从图 4.16 可以看出，CZM 的载荷位移曲线最终将趋近 x 轴，而实际试验载荷位移曲线最终平行于 x 轴并趋于一个恒定值。

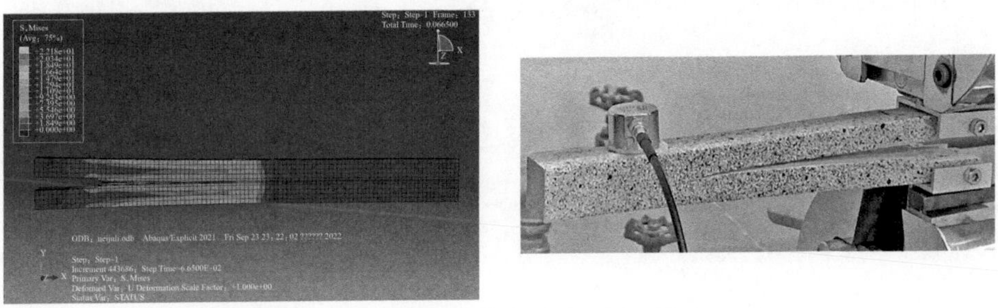

图 4.15　内聚力模拟与 DCB 试验的裂纹扩展模式对比

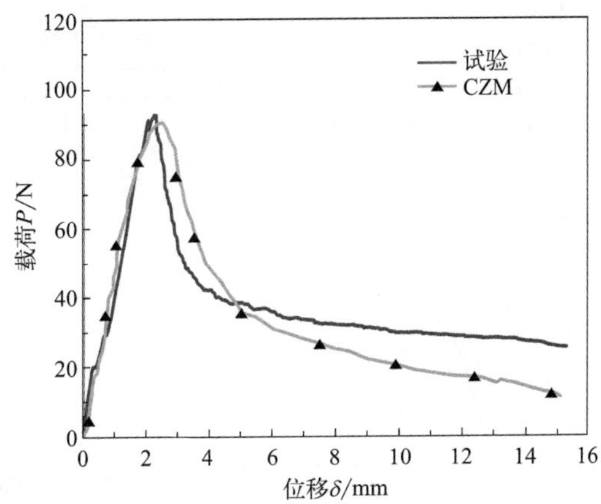

图 4.16　内聚力模型载荷-位移曲线计算结果与 DCB 试验结果

图 4.17 和图 4.18 分别为三点弯曲试验的有限元模拟结果和在加载过程中位移-载荷曲线。从图 4.17 可以看出，通过木材横纹断裂有限元模拟可以清楚地观察到裂纹尖端的应力集中区域是一条在预制裂缝上端垂直于裂缝的窄带，且裂纹扩展路径垂直于预制裂缝。与实际试验结果对比，木材横纹断裂裂纹扩展路径不会沿着原有的预制裂缝方向扩展，而是沿着纤维方向发生顺纹扩展，有限元模拟结果进一步验证了局部坐标系和内聚力单元对于杉木各向异性材料属性和裂纹扩展方式模拟的有效性。图 4.18 是 3 种不同缝高比（0.1、0.2、0.3）杉木梁横纹断裂过程的有限元模拟和实际试验的载荷位移曲线对比。由于在实际试验中存在压头与木梁之间的预加载阶段，该阶段从压头与木梁未接触直至压密会造成载荷位移曲线出现一段平行于 x 轴的线段。除此以外，有限元模拟结果和实际试验的载荷-位移曲线规律均表现出良好的一致性。随着载荷不断增大，载荷-位移曲线可分为线弹性、弹塑性、完全断裂 3 个阶段，在线弹性阶段和弹塑性阶段的临界点裂纹萌生，针对缝高比为 0.1 的试件，起裂载荷约为峰值载荷的 40%～50%。有限元模拟结果和实际试验结果的峰值载荷区间相符合。其中，缝高比为

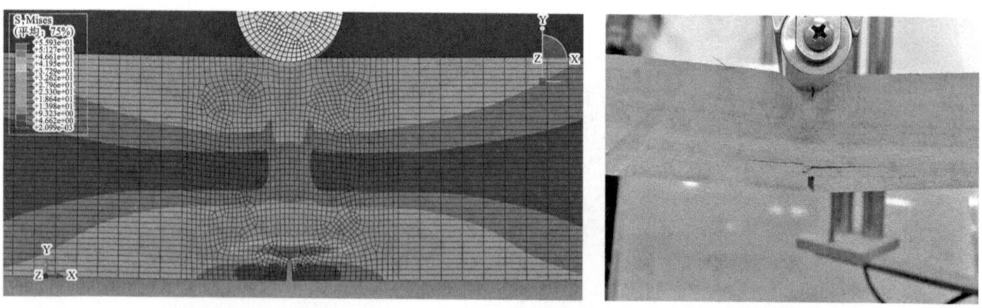

图 4.17　内聚力模拟与三点弯曲试验的裂纹扩展模式对比

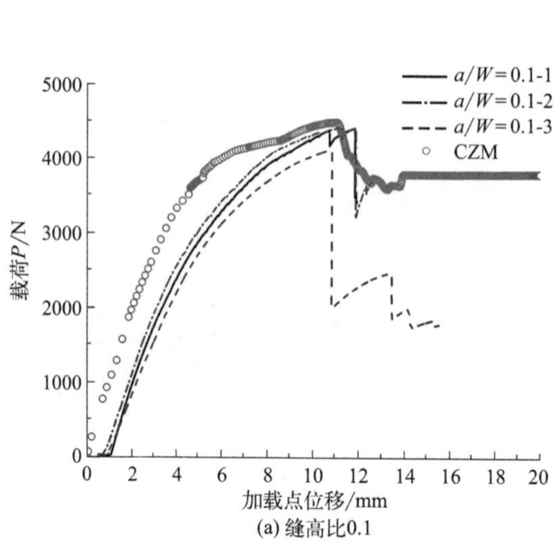

(a) 缝高比0.1

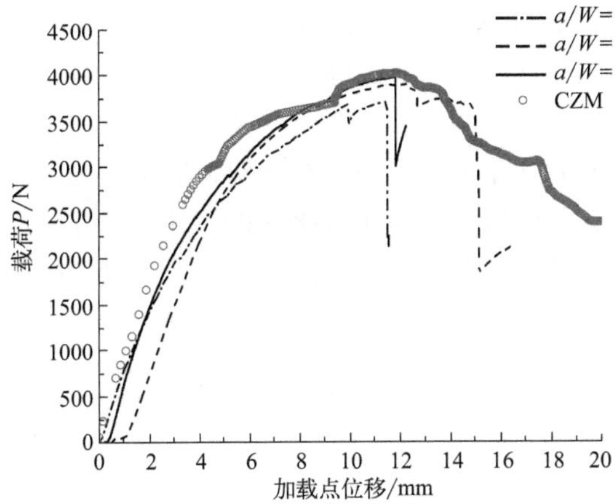

(b) 缝高比0.2

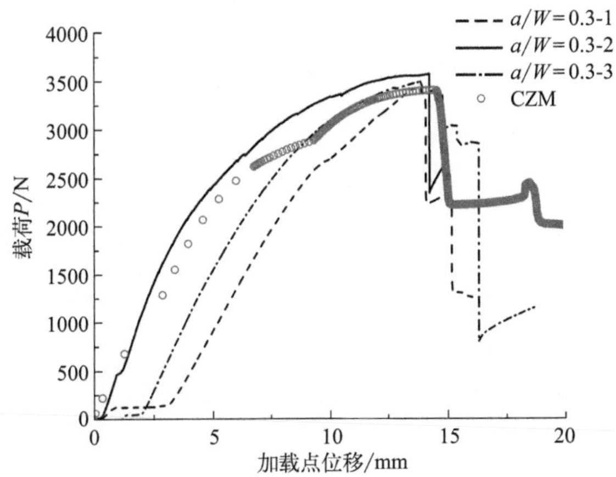

(c) 缝高比0.3

图 4.18 内聚力模型载荷-位移曲线计算结果与三点弯曲试验结果

0.1 的三点弯曲木梁峰值载荷为 4000～4500N，缝高比为 0.2 的三点弯曲木梁峰值载荷为 3500～4000N，缝高比为 0.3 的三点弯曲木梁峰值载荷为 3000～3500N。进一步验证了采用内聚力软化本构模型模拟杉木横纹断裂过程的有效性。

4.5 本章小结

本章介绍了内聚力模型以及损伤演化本构模型的基本概念以及考虑到木材裂纹损伤复杂的断裂机理所需要面临的问题，基于内聚力双线性软化本构模型，对杉木裂纹损伤演化过程进行了研究。首先基于 DCB 双悬臂梁试验测量杉木等效 LEFM 裂纹长度并计算内聚力断裂能，根据 R 阻力曲线与双线性软化本构曲线的双射关系确定杉木内聚力本构模型的特征参数，并根据杉木内聚力本构关系开发用户子程序 VUMAT，实现对于杉木裂纹扩展路径内聚力单元的本构定义。最后开展了不同缝高比三点弯曲木梁的断裂过程模拟，通过在实体单元内部嵌入零厚度内聚力单元的方式模拟裂纹扩展路径，对比试验和有限元模拟载荷-位移曲线结果，验证了内聚力软化本构模型的有效性，证明所确定的杉木内聚力双线性软化本构模型可以有效模拟裂纹损伤演化过程，且最终计算结果可反映出杉木梁的部分力学性能，为采用有限元方法模拟含裂纹杉木梁的断裂过程提供了实际参考。

5

基于 HILBERT-HUANG 变换的木材细观损伤模式识别研究

5.1 引言

前面章节基于 AE 技术和 DIC 方法研究了杉木的裂纹萌生、扩展规律，通过建立 AE 特征参数、木材表面位移应变场分布与裂纹损伤演化状态的对应关系，构建了监测杉木裂纹损伤演化的评价系统；同时基于内聚力双线性软化本构模型，确定了杉木裂纹损伤演化本构曲线。以上研究内容从宏观角度可以很好地反映杉木裂纹的损伤演化过程，但从细微观角度，对于木材裂纹损伤目前的研究仍不能有效地区分木材承载过程中内部的破坏机理。故本章从细观损伤类型出发，结合扫描电子显微镜，深入研究基于 AE 波形和 HILBERT-HUANG 变换分析的木材裂纹细观损伤模式识别方法。

5.2 HILBERT-HUANG 分析方法

由于声发射波可以从形变、裂纹形成、位错和扭曲晶格面的传播中获得，因此它总是包含非线性和非平稳信号。随着数字信号处理方法的进步，目前声发射波形的分析方法可分为两类：一类是时域的幅值分析、傅里叶变换等传统分析方法，一般处理对象是稳定信号；第二类是现代分析方法，包括小波变换、维格纳-维尔分布和希尔伯特黄（HHT）变换。Ni 利用小波变换研究了声发射信号与损伤源之间的关系，结果表明频率分析是处理复合声发射信号的有效方法（Ni & Iwamoto，2002）。诸多参考文献基于声发射信号频率成分的故障模式分类展开研究（Guel et al.，2020；Li et al.，2020；Wei et al.，2019；Arumugam et al.，2011；Shen et al.，2019；Zhang et al.，2021）。Arumugam 等对拉伸试验期间获得的声发射信号的峰值频率范围通过快速傅里叶变换（FFT）进行了研究（Arumugam et al.，2011）。HHT（HIBERT-HUANG Transform）是 1998 年首次被提出的非平稳周期信号的有效分析方法（Huang et al.，1998），它能够根据采集的原始信号准确地获得时频特性，这是其他分析方法难以实现的，因此具有更强的适应性。HHT 作为一种时频分析方法，适用于将非线性、非平稳的多分量信号分解成基本模态和单分量信号。Han 采用 HHT 方法针对单向玻璃纤维增强聚合物复合材料，研究了声发射模式识别中的损伤描述特征，以帮助理解复合材料损伤演化过程（Han et al.，2013）。Hamdi（2013）利用 HHT 变换研究了单向 GFRP 复合材料声发射模式识别的损伤描述特征，但仅选择第一固有模态 IMF1 作为损伤模态的描述特征，在损伤识别中没有考虑其他固有模态的因素。

在本研究中，在木材断裂过程中不同阶段所出现的细观损伤类型难以识别和区分，为此本书专门设计了以产生单一损伤类型为主的双悬臂梁试验、单束纤维拉伸试验、木材沿横向纹理方向的单轴压缩试验，同时与产生复合损伤类型的含 LT 型横纹木梁三点弯曲试验结果相对比，旨在识别与杉木细观损伤类型相关的 AE 信号波形特征，记录 AE 信号并统计主要声发射事件参数，通过快速傅里叶变换分析 AE 信号的频域特征，研究测试过程中产生不同细观损伤类型的声发射事件的峰值频率范围。AE 信号经过 HHT 处理后，可以清晰地表达不同时间尺度下的频率分布和 3D 时频（TF）瞬时能量分布，进而可对杉木各细观损伤类型的频率成分进行分类。

HHT 分析方法的主要内容分为两部分：①经验模态分解（EMD）；②希尔伯特变换。根据信号本身的时间特性，将原始信号分解为多个固有模态函数（IMF），经过希尔伯特变换处理后，可以得到分量信号的瞬时频率和瞬时幅度分布，进而得到原始振动信号的时间谱。

5.2.1 经验模态分解（EMD）

假设任意复杂振动信号都由一些简单的、互不重合、非正弦的固有模态函数分量（IMF）组成，每个固有模态函数可以是线性的或非线性的，此时应满足两个条件：①极值之和与过零次数相同或者最多相差一个；②在任何一点，由局部最大值点和局部最小值点确定的上下包络线的平均值为零。

经验模态分解如图 5.1 所示。分解过程如下。

① 设原始信号为 $x(t)$，先找出 $x(t)$ 上的所有极值点。然后用三次样条函数曲线对 $x(t)$ 的最大值点进行插值，拟合原始信号中最大值点并作为上包络线。然后对 $x(t)$ 的最小值进行插值拟合并作为下包络线，对最大值和最小值求均值，记为平均包络线 $m(t)$。

② 设 $h_1(t)=x(t)-m(t)$，判断新的时间序列是否满足 IMF 条件。若结果

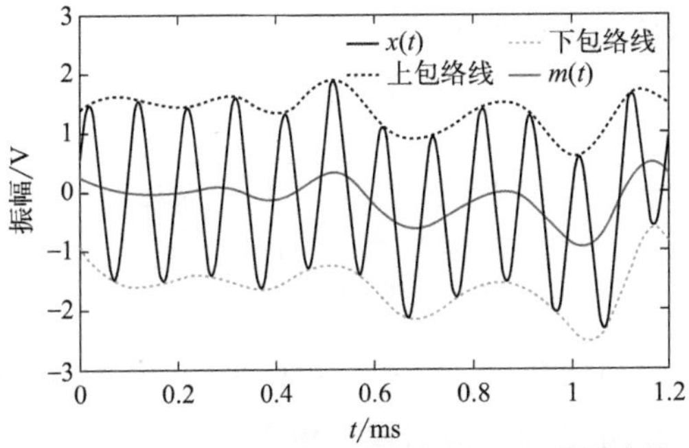

(a) 原始信号x(t)和平均包络m(t)(粗线)上下极值包络

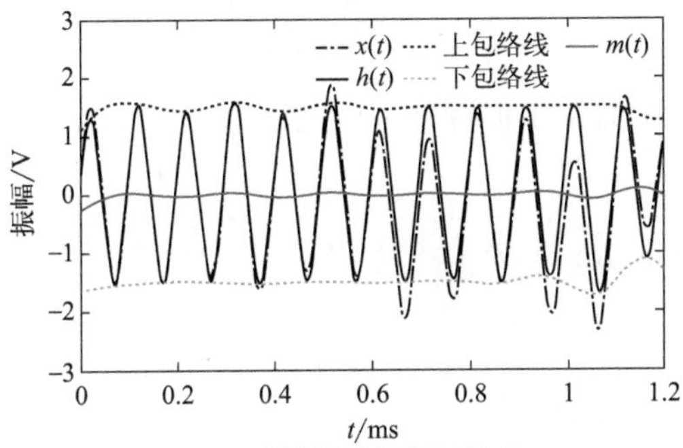

(b) 筛选过程中的信号$h_1(t)$

图 5.1 原始信号及筛选过程中的信号

为真，则记 $c_1(t)=h_1(t)$，作为 IMF1 分量。否则，将 $h_1(t)$ 视为新信号，重复上述过程。

③ 从原始信号中去除 IMF 分量作为新的原始信号，重复步骤②直到满足限制条件，再分解各阶的 IMF 分量。最后，将原始信号分解为各阶 IMF 分量和残差分量之和，即：

$$x(t)=\sum_{i=1}^{n}c_i(t)+r_n \tag{5-1}$$

5.2.2 希尔伯特变换

首先采用 EMD 方法将信号分解为若干个本征模分量，然后对每个模分量进行希尔伯特变换，得到具有实际物理意义的瞬时频率。每个模态分量的希尔伯特变换计算如下：

$$H[c_i(t)]=\frac{1}{\pi}\int_{-\infty}^{\infty}\frac{c_i(\tau)}{t-\tau}\mathrm{d}\tau \tag{5-2}$$

式中，$c_i(t)$ 表示本征模分量，$i=1,2,\cdots,N$；t 代表时间；τ 是时间间隔。每个模态分量的解析信号构造如下：

$$z_i(t)=c_i(t)+\mathrm{j}H[c_i(t)]=a_i(t)\mathrm{e}^{\mathrm{j}\varphi_i(t)} \tag{5-3}$$

$$a_i(t)=\sqrt{c_i^2(t)+H[c_i(t)]^2} \tag{5-4}$$

$$\varphi_i(t)=\arctan\frac{H[c_i(t)]}{c_i(t)} \tag{5-5}$$

式中，$a_i(t)$ 是幅值函数；$\varphi_i(t)$ 是相位函数；j 表示虚数。

对相位函数进行微分处理，得到瞬时频率为：

$$\omega_i(t)=\frac{\mathrm{d}[\varphi_i(t)]}{\mathrm{d}(t)} \tag{5-6}$$

那么，信号 $x(t)$ 的希尔伯特谱可以表示为：

$$H(\omega,t)=\begin{cases}\mathrm{R}\sum\limits_{i=1}^{n}a_i(t)\mathrm{e}^{\mathrm{j}\int\omega i(t)\mathrm{d}t}, & \omega_i(t)=\omega\\ 0, & \text{其他}\end{cases} \tag{5-7}$$

式中，R 代表一个实数。

希尔伯特的瞬时能量 $IE(t)$ 由振幅 $H(\omega,t)$ 与频率的平方积分得到。具体表达式为：

$$IE(t)=\int_{\omega}H^2(\omega,t)\mathrm{d}\omega \tag{5-8}$$

5.3 试件制备与试验方法

本研究进行了 4 种类型的试验，包括双悬臂试验、单束纤维拉伸试验、单轴压缩试验和三点弯曲试验。使用的样品有双悬臂梁 DCB 样品、顺纹拉伸样品、顺纹单轴压缩试件和三点弯曲试件。试件的几何形状、尺寸和传感器布局如表 5.1 和图 5.2 所示。以下是四种试件的制作方法。在第一步中，将测试木料锯成不同尺寸的矩形坯件。横纹单轴压缩试件尺寸为 20mm（径向）×20mm（切向）×20mm（轴向）；加工 DCB 试件的坯料尺寸为 20mm（径向）×20mm（切向）×200mm（轴向），然后在坯料左侧的中心沿纵向锯出 18.5mm（轴向）×3mm（宽度）的裂纹，再用锋利的刀片沿 L 方向切出（1.5±1）mm 的预制裂纹。最后，在两个分开的悬臂的中心钻一个直径为 4mm 的孔。顺纹拉伸试样的坯料尺寸为 15mm（径向）×20mm（切向）×370mm（轴向），在此基础上，用锯将坯料裁成图 5.2(c) 中指定的弧形，用锉刀将两个平面连接处的圆弧打磨成切向直径为 600mm、径向直径为 280mm 的圆角。三点弯曲试件尺寸为 20mm（径向）×

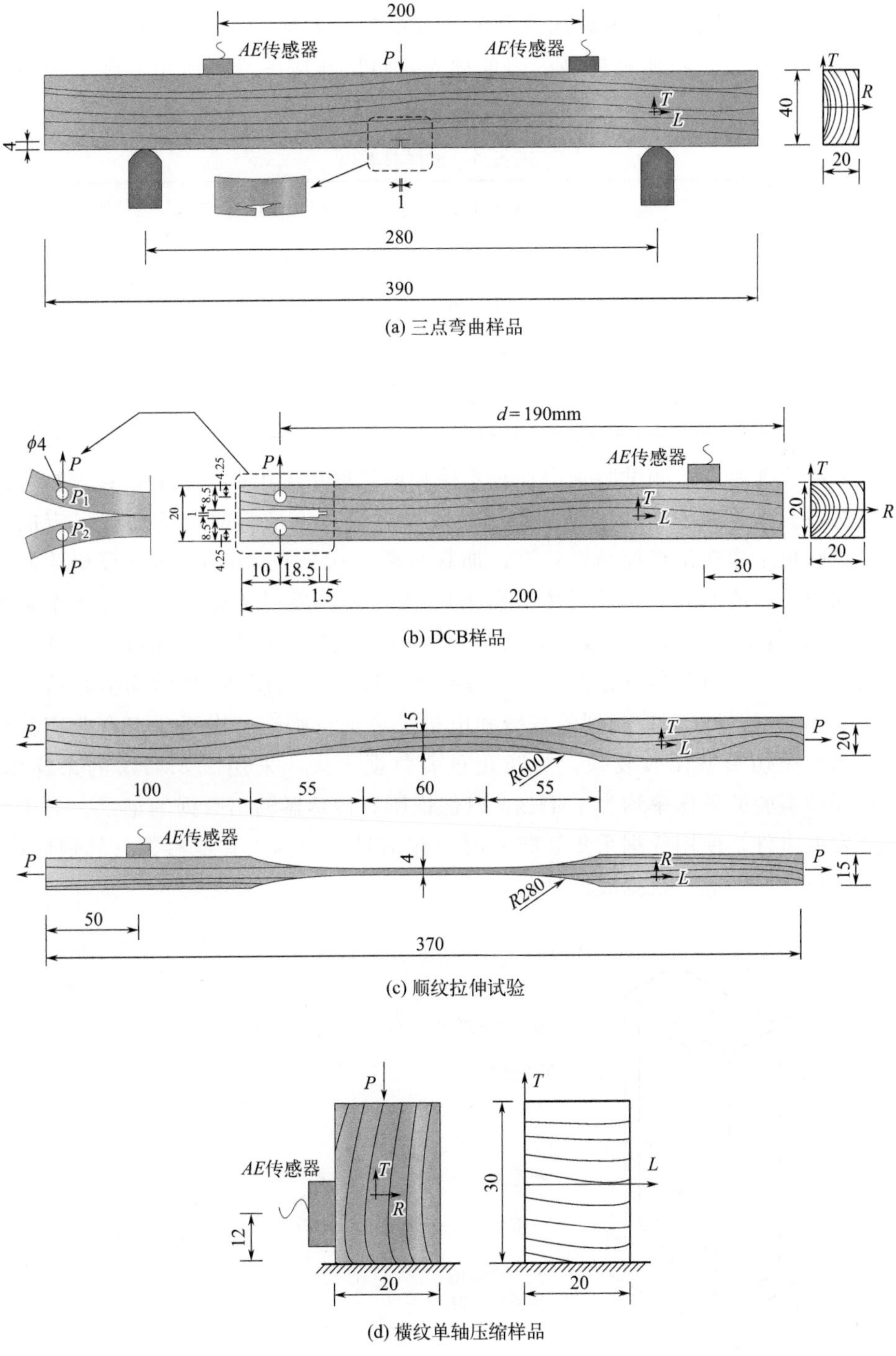

(a) 三点弯曲样品

(b) DCB样品

(c) 顺纹拉伸试验

(d) 横纹单轴压缩样品

图 5.2　试样几何形状和尺寸

40mm(切向)×370mm(轴向)，然后在木梁底平面的中部锯出一条垂直于轴向的（3±1)mm 的裂缝，最后用锋利的刀片沿裂缝方向切出（1±1)mm 的预制裂纹尖端。最后，将所有样品的表面抛光，将试样按图 5.2 所示安装于加载装置上。

表 5.1 试样参数

试件类型	试件名称	试件数目	纤维方向
三点弯曲试样	S0～S19	20	*LT*
双悬臂梁试样（DCB）	D0～D19	20	*L*
单轴压缩试样	U0～U19	20	*T*
单束纤维拉伸试样	T0～T19	20	*L*

如图 5.3 所示，测试装置由加载系统和声发射系统组成，试验设备及型号同前文所述。为了减小加载头与木梁之间的摩擦噪声，试验前应预加载一定的载荷。试验机工作在位移控制模式下，加载速率为 0.001m/min，由计算机绘制加载时间与位移的曲线。声发射传感器采用 RS-2A 声发射传感器，采集频率范围为 50～900kHz。信号前置放大器增益为 40dB。在传感器表面使用硅脂以获得良好的声耦合。在 AE 参数分析中，考虑到环境噪声，采用 30dB 的阈值且持续时间小于 20μs 信号，对检测到的机械和电机噪声进行筛选。由于三点弯曲实验产生的木材损伤类型比较复杂，为防止重要数据丢失，采用 2.5MHz 的采样率，其他 3 种实验的采样率均为 1MHz，以保证所有传感器输出数据的记录。对于每个声发射事件，使用数据采集系统实时监测信号的振幅，其他参数（峰值频率、能量、持续时间等）根据波形计算。

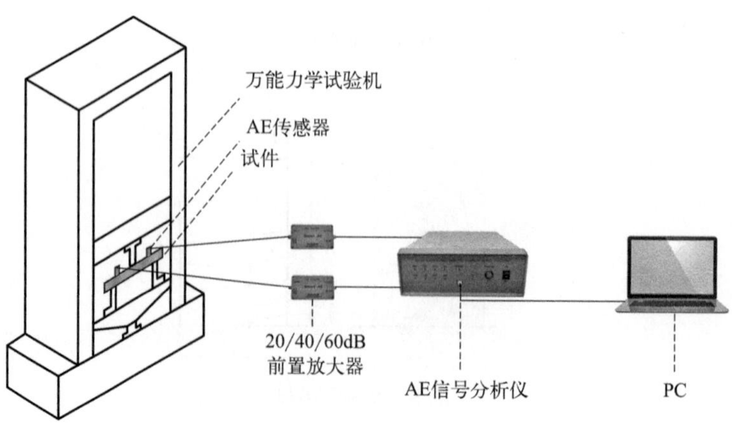

图 5.3 AE 装置示意图

5.4 结果与分析

声发射参数的分布反映了木材的声发射特性与破坏失效机理之间的关系，对AE特征参数进行准确、科学的分析，对于解释木材的破坏机理和损伤劣化具有重要意义。由于木材是特殊的各向异性材料，木纤维排列方向可分为L轴向、R径向和T切向。不同的木纤维排列方向与加载方式的组合确定了潜在的主要损伤类型：微裂隙损伤、细胞壁屈曲和塌溃、层间开裂、纤维断裂和纤维拔出。为了建立二者的映射规律，下面重点对四种木材损伤实验试件的失效进行讨论分析，实验结果采用具有代表性的声发射信号特征参数，包括能量、幅度和峰值频率。

5.4.1 三点弯曲试验

图 5.4 为三点弯曲试件 S0 的载荷和声发射信号幅度、能量和峰值频率随时间变化图。从图 5.4 可以明显看出，整个三点弯曲试验分为三个阶段。第一阶段：(0～75.2s) 线弹性阶段，在该阶段未接收到明显的声发射信号。在载荷时间曲线的 75.2s 时刻出现转折点 a ($t=75.2$s)。一般来说，预制横纹木梁在承受弯曲载荷时，裂纹萌生在线弹性阶段和非线性阶段的临界点，由于木材开始发生微裂隙损伤时通常处于低应力水平，故对材料性能不会产生较大影响 (Tu et al., 2021)。萌生后裂纹将沿着木纤维方向扩展，其损伤类型与木材顺纹断裂中的层间开裂相同。选择时间 a (75.2s) 的 AE 信号进行快速傅里叶变换以获得该时刻的 AE 信号频谱。同时，考虑到环境噪声对实验结果的影响，对 AE 波形中存在的电磁噪声进行高频滤波处理，去噪后的 AE 信号波形和快速傅里叶变换结果如图 5.5 所示。从图中可以看出，a 点的 AE 信号 FFT 功率谱呈现多个峰值，主要集中在两个峰值频率：19kHz 和 132kHz。FFT 功率谱表征 AE 信号功率在频域上的分布情况，显著的功率密度分布可以作为损伤事件的识别特征，因此 FFT 功率谱可以作为区分木材损伤类型的一种手段。因此本章在对采集的AE 信号进行 HHT 的同时也将 FFT 功率谱作为重要参考依据。首先利用经验模态分解算法将 AE 信号分解为多个模态分量 IMF，并在此基础上进行 HHT。IMF1～4 波形和 AE 波形的 3D 联合时频图如图 5.6 所示。选取 IMF 相关系数最高的 IMF1 (相关系数为 0.5259) 和 IMF2 (相关系数为 0.6546) 作为 AE 信号中描述主要损伤模式的信号分量，其 FFT 功率谱集分别中于两个峰值频率：19kHz 和 132kHz，这与原始信号的 FFT 功率谱峰值频率相吻合。除此以外，频率采样时间-瞬时能量图可以清晰地显示声发射信号在时域的频率分布，a 时刻的 AE 信号基本上只包含两个信号分量，可能对应两种具体的损伤模式，进一步

说明了在 a 时刻所产生的损伤模式特征与这两个峰值频率有关。

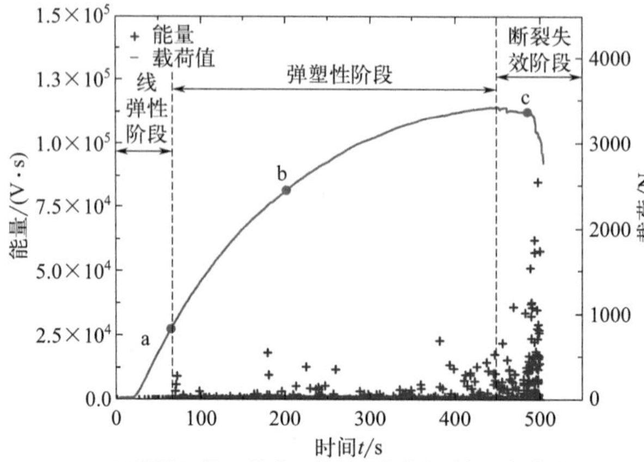

(a) 样品S0的AE演化：能量、负载和时间之间的关系

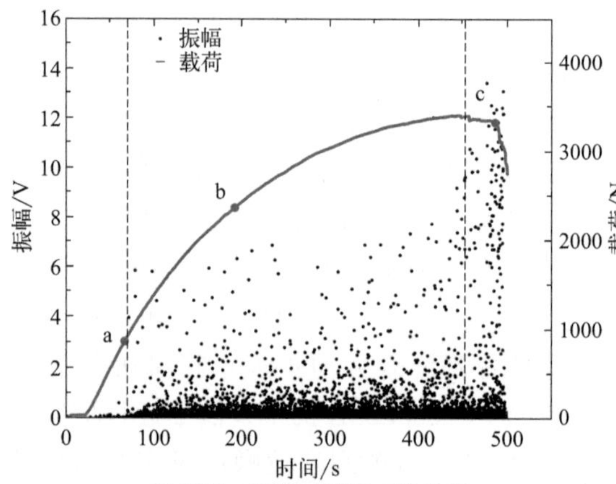

(b) 振幅、载荷和时间之间的关系

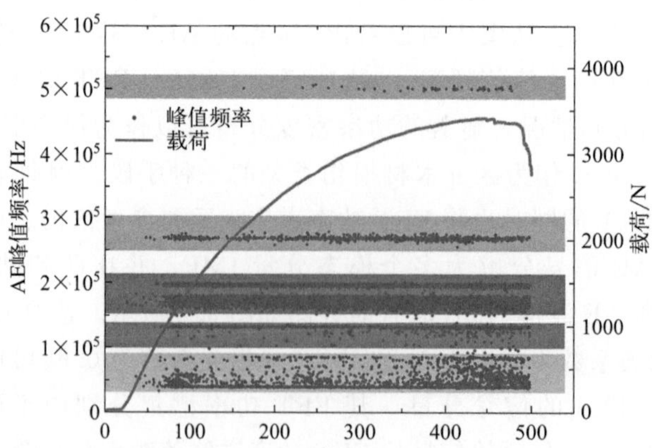

(c) 加载过程中的峰值频率分布

图 5.4　三点弯曲试件 S0 的载荷和声发射信号幅度、能量和峰值频率随时间变化图

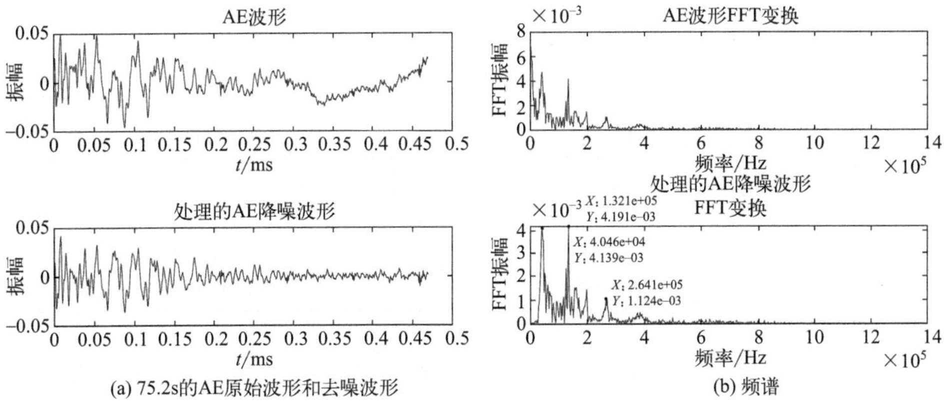

图 5.5 AE 原始波形和傅里叶变换图

第二阶段为弹塑性阶段（75.2～454.6s），加载时间曲线为非线性。大量低幅度（1～8V）和低能量值（0～25000V · s）的 AE 信号相继产生。大多数 AE 信号在 40～300kHz 范围内其峰值频率如图 5.4(c) 所示。在这个阶段，木材内部的损伤进一步积累和退化，木梁表面出现垂直于载荷方向的纵向裂缝，受压区发生变形。图 5.7 显示了在选定时间 b（242.64s）产生的波形和频域分析。为了区分 AE 信号中包含的不同损伤类型，将 AE 信号分解为若干个 IMF，并通过快速傅里叶变换分析 IMF 分量波形。AE 信号的 IMF1～4 波形和频谱如图 5.8(a) 所示。由于分解后的 IMF 分量是一个稳定的信号序列，因此选择峰值频率作为 IMF 波形的主频，这与特定的损伤模式有关。可以看出，每个 IMF 波形的主频从高到低分别为 160kHz、46kHz、39kHz 和 17kHz，可能对应木材的不同损伤类型。此外，很明显观察到模态分量 IMF1 的频谱有两个峰值，分别为 169kHz 和 268kHz。AE 波形的 3D 联合时频图如图 5.8(b) 所示。可以看出，声发射信号包含多种细观损伤类型的信号元素，主要频率范围为 320～390kHz、140～190kHz 和 30～70kHz。

第三阶段（454.6～550.2s），载荷突然减小，木梁表面出现明显可见裂纹。试件 S0 的实际断口图如图 5.9 所示。AE 信号的幅值和能量突然增加。观察到几个明显的峰值频率范围，峰值频率分布相对集中在 20～80kHz、100～130kHz、150～200kHz、250～290kHz 和 470～500kHz 范围内。在三点弯曲试验的最后阶段，随着受拉区大量次生裂纹的出现，受压区也出现了严重的挤压变形。样品的主要破坏形式可能是细胞壁屈曲和塌溃、纵向微裂纹破坏、层间开裂、纤维断裂和纤维束拔出。一般而言，层间开裂、纤维断裂、纤维束拔出会导致样品最终失效。在这个阶段中，出现了比图 5.4(c) 中的第二阶段更多种类的

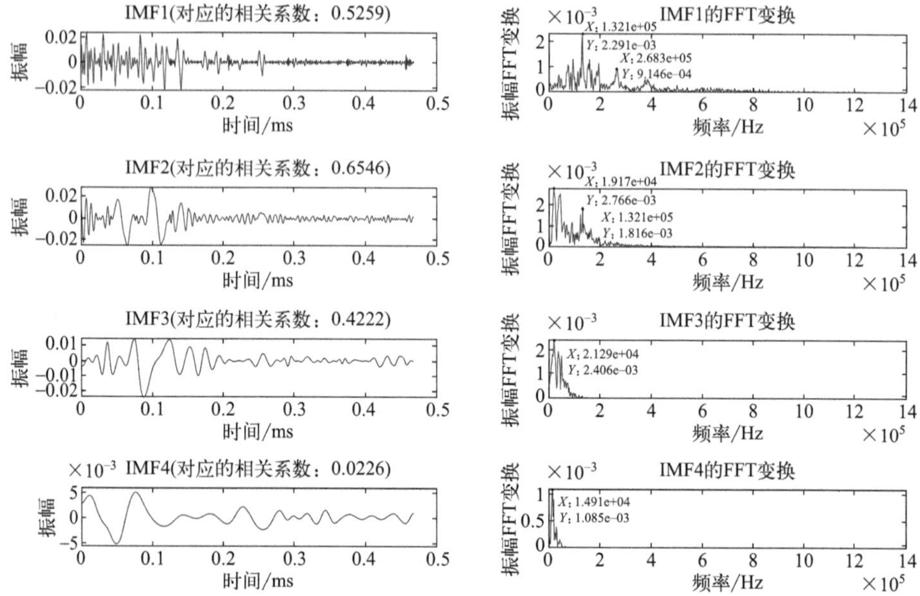

(a) AE波形在75.2s的EMD和IMF分量的FFT

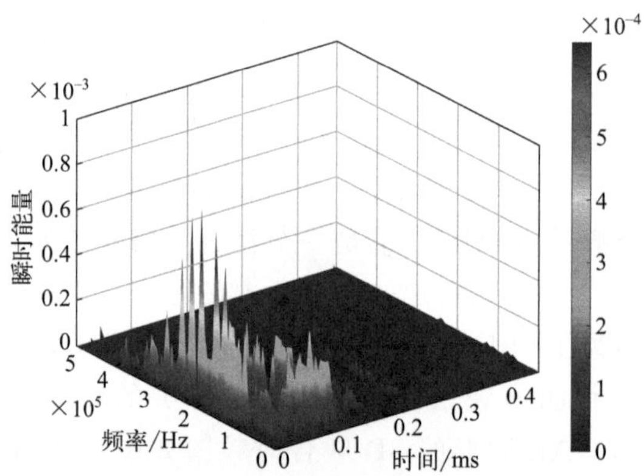

(b) 75.2s处AE波形的3D联合时频图

图 5.6 IMF 波形频谱图和 AE 波形的 3D 联合时频图

损坏模式。选择点 c（493.06s）的 AE 信号进行快速傅里叶变换和 HHT 分析。其中，AE 信号的波形和快速傅里叶变换如图 5.10 所示，AE 信号的 IMF1～4 波形和快速傅里叶变换以及 3D 联合时频图如图 5.11 所示。从图中可以看出，本例中的 FFT 功率谱出现了几个峰值，根据 IMF1（相关系数为 0.7728）的 FFT 结果可以看出，AE 信号的峰值频率分别为 169kHz 和 268kHz。一种可能的解释是，波形由与多种损伤模式相关的独立源叠加而成，每个源都有一个专有范围内的频率。

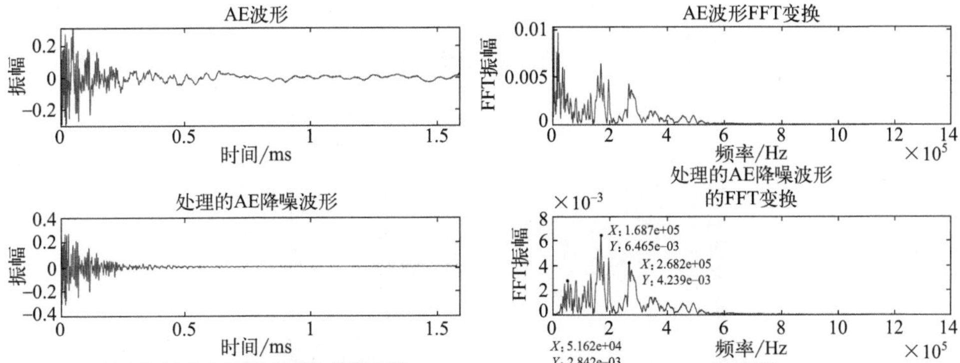

(a) 242.64s的AE原始波形和去噪波形　　(b) 频谱

图 5.7　242.64s AE 波形和频谱分析图

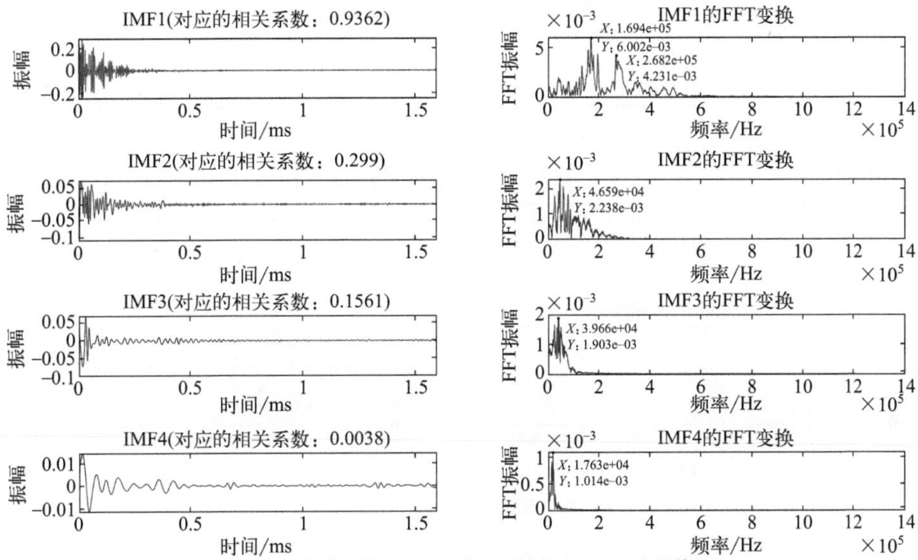

(a) 242.64 s AE原始波形和去噪波形的EMD和IMF分量的FFT

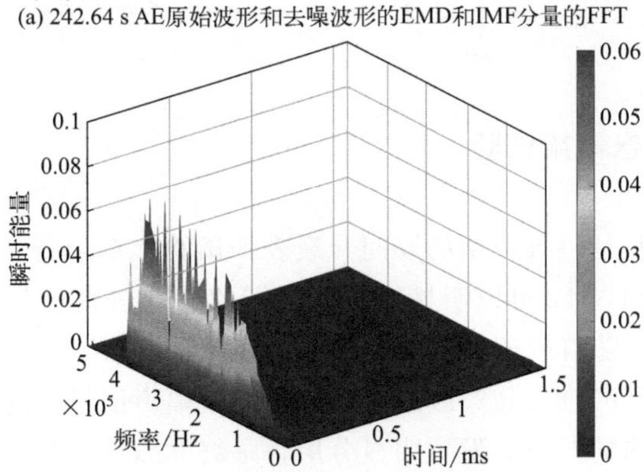

(b) 242.64s处AE波形的3D联合时频图

图 5.8　IMF 波形频谱图和 AE 波形的 3D 联合时频图

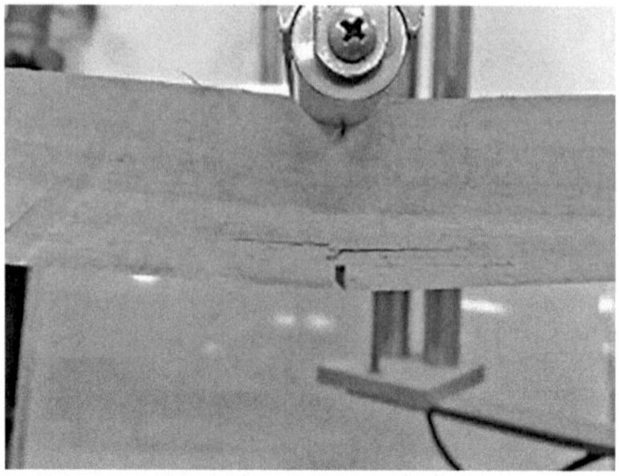

图 5.9　试件 S0 的断口图

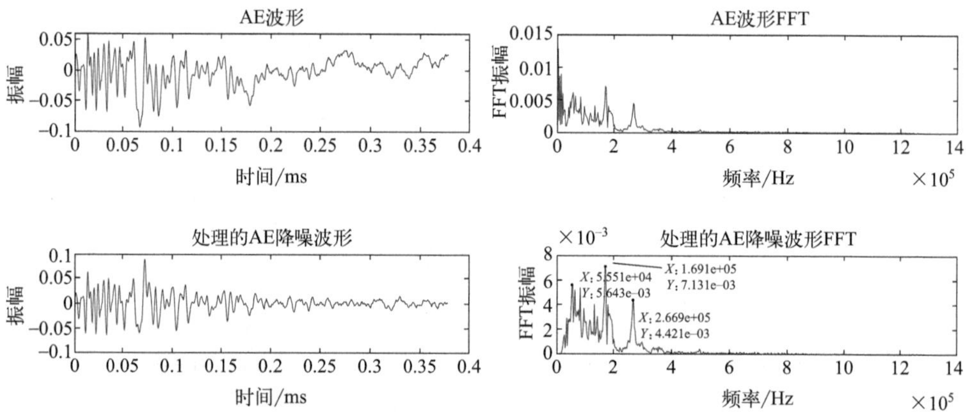

(a) 493.06s的AE原始波形和去噪波形　　(b) 频谱

图 5.10　493.06s 的 AE 波形和频谱分析图

5.4.2　DCB 双悬臂梁试验

双悬臂梁试验是一种典型的层间开裂表征试验。双悬臂梁试件（DCB）以预裂形式制造。从图 5.12 可以明显看出，试样的加载过程分为两个阶段：第一阶段（0～97.89s），随着载荷的增加，木梁呈线弹性变形，几乎不产生明显的声学信号；第二阶段（97.89～235s），产生大量高振幅声信号，材料中的纤维不断受到垂直于纤维方向的拉力，发生明显分层，最终导致纤维界面开裂，产生层间开裂。在 97.89s 时，载荷急剧下降，木梁沿纹理迅速开裂，破坏方式主要是层间开裂。其峰值频率主要集中在两个区间，范围为 150～210kHz 和 20～80kHz。

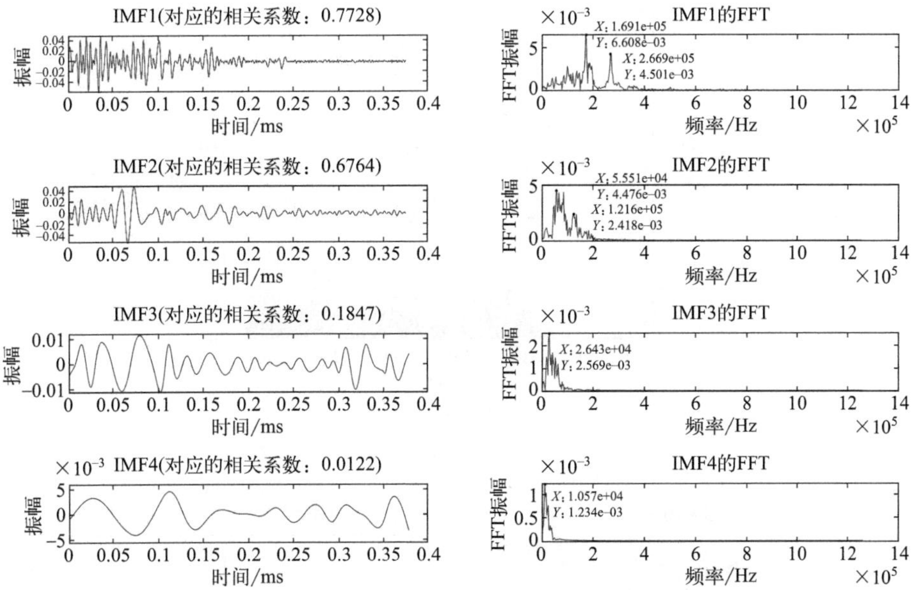

(a) AE波形在493.06s的EMD和IMF分量的FFT

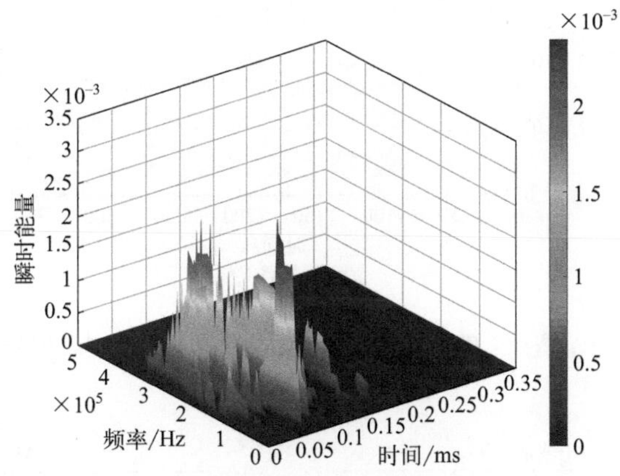

(b) AE波形 493.06s处的3D联合时频图

图 5.11 IMF 波形频谱图和 AE 波形的 3D 联合时频图

选择 AE 信号在 90.865s 进行快速傅里叶变换和 HHT 滤波，结果如图 5.13 和图 5.14 所示。观察到在该特定情况下快速傅里叶变换功率谱呈现双峰，主峰频率为 165.8kHz。从图 5.14 可以看出，AE 信号包含 4 个信号分量。IMF1～4 的相关系数分别为 0.7411、0.6413、0.2237 和 0.0077。IMF1 的频率范围为 150～210kHz，IMF2 的频率范围为 20～80kHz，这是一个幅度较低的信号。因此，150～210kHz 的峰值频率范围可能是由层间开裂引起的。

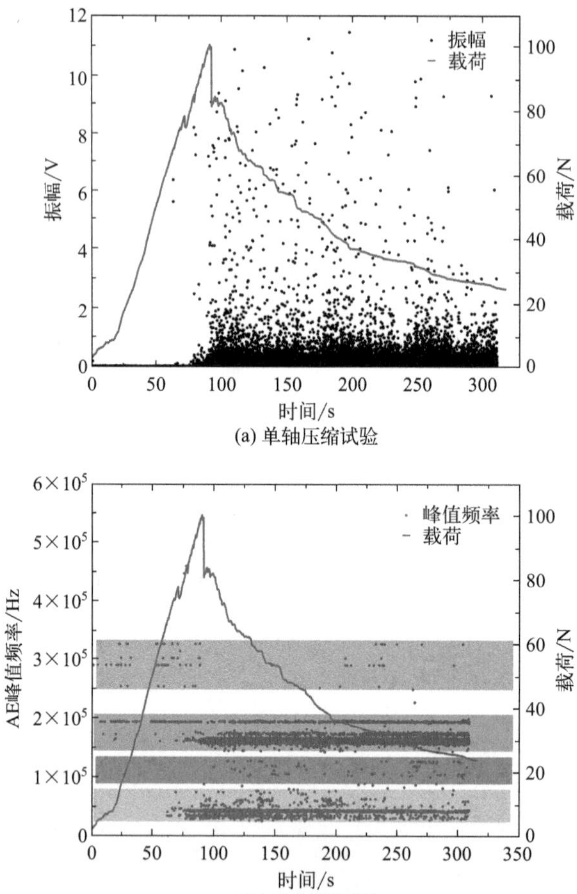

(a) 单轴压缩试验

(b) 双悬臂梁试验

图 5.12　单轴压缩试验与双悬臂梁试验的 AE 时程图

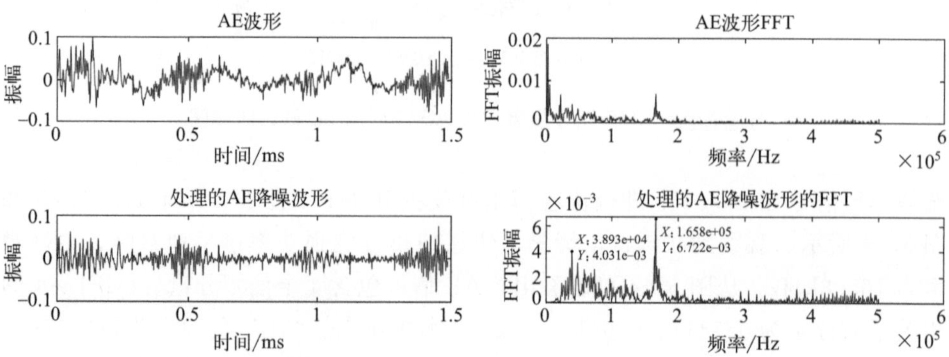

(a) AE原始波形和去噪波形

(b) 频谱

图 5.13　90.865s 的 AE 波形和频谱分析图

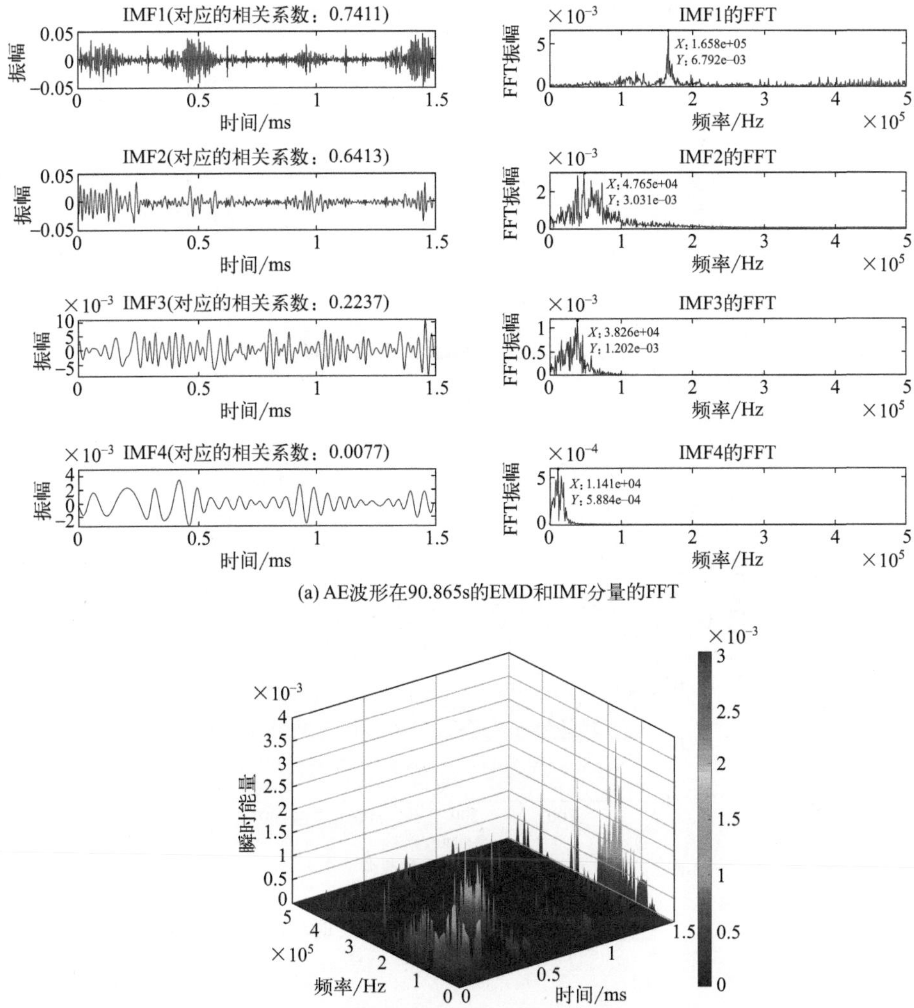

(a) AE波形在90.865s的EMD和IMF分量的FFT

(b) 90.865s处AE波形的3D联合时频图

图 5.14 IMF 波形频谱图和 AE 波形的 3D 联合时频图

5.4.3 单轴压缩试验

图 5.15 为试件 U1 在单轴压缩试验中的 AE 时程图。从结果来看，整个测试分为两个阶段。在第一阶段（0～66s），声发射幅度较低，声发射峰值频率的主要范围为 30～80kHz 和 160～200kHz。66s 后为第二阶段，试件发生明显变形且表面出现皱缩，在该阶段出现高振幅 AE 信号。

根据 DCB 测试结果，推测 160～200kHz 峰值频率范围内的信号与分层开裂

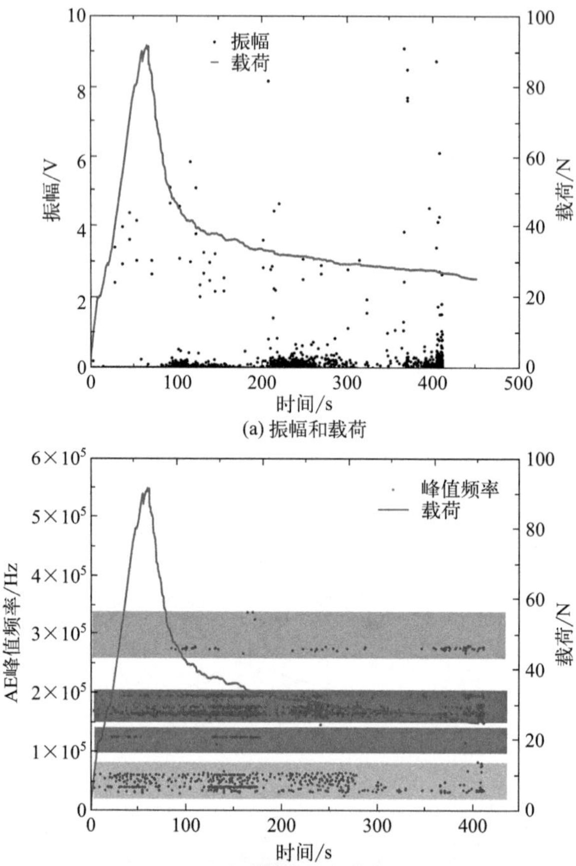

(a) 振幅和载荷

(b) 峰值频率和载荷

图 5.15 单轴压缩试验的 AE 时程图

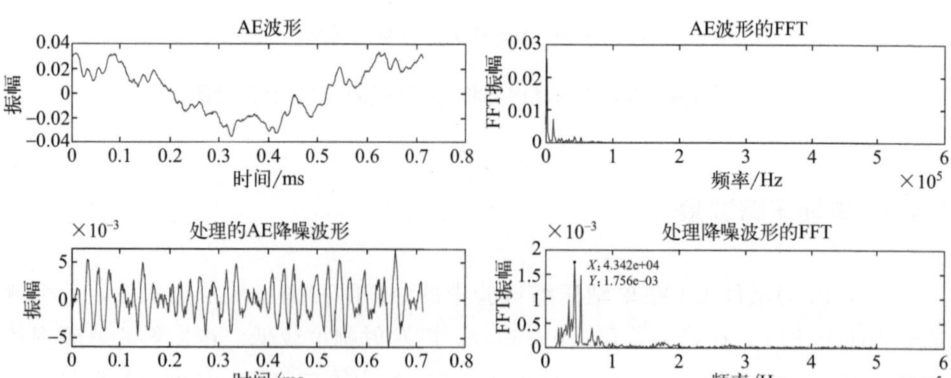

(a) AE原始波形和去噪波形

(b) 频谱

图 5.16 93.948s 的 AE 波形和频谱分析图

有关；因此，主要分析峰值频率为 30～80kHz 的信号。选择在 93.948s 的 AE 信号执行 FFT；AE 信号的波形和频谱如图 5.16 所示。根据观察，AE 信号的 FFT 功率谱在此时有一个峰值，其峰值频率为 43.42kHz。图 5.17(a) 为 EMD 分解后得到的 IMF 分量的频谱，从中可以得到 IMF1 的峰值频率为 47.62kHz，IMF2 的峰值频率为 43.52kHz。图 5.17(b) 为 AE 信号的 3D 时频联合图，可以清楚地看到，当频率在 30～80kHz 范围时，信号的瞬时能量较大，说明这些信号 AE 事件的相对强度较高。文献（Zhong et al.，2016）的结果表明，单轴压缩试验中的主要细观损伤类型是细胞壁屈曲和塌溃，因此该频率范围内的 AE 信号可能与细胞壁屈曲和塌溃有关。

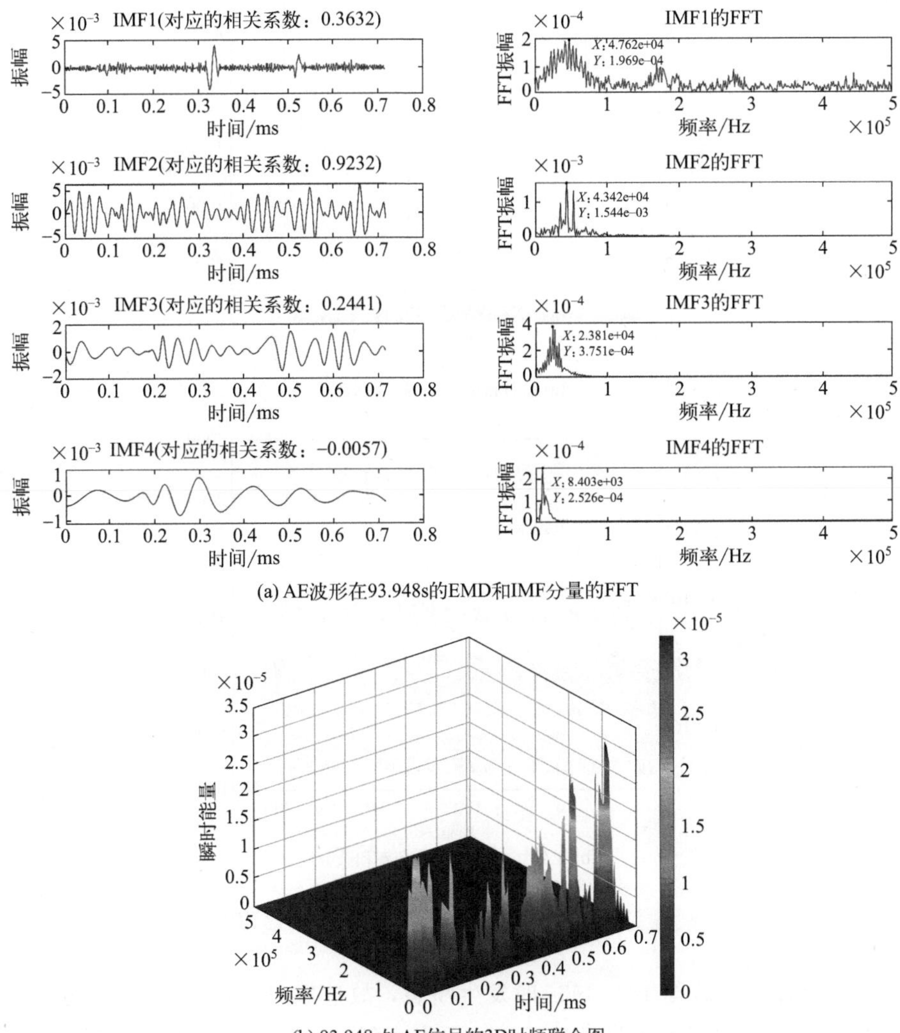

(a) AE波形在93.948s的EMD和IMF分量的FFT

(b) 93.948s处AE信号的3D时频联合图

图 5.17 IMF 的波形频谱图和 AE 波形的 3D 联合时频图

5.4.4 单束纤维拉断试验

图 5.18 显示了单束纤维拉伸与压缩试验中试样 T_1 的载荷值以及 AE 信号的幅值和峰值频率随时间的变化关系。整个测试从结果分为两个阶段。在第一阶段（0～80s），AE 幅度较低，AE 峰值频率主要出现在 30～80kHz 范围内。试验后 80s 开始出现高振幅声发射信号，当峰值频率在 250～270kHz 范围内时声发射信号明显增加。195s 时试件开始断裂，200s 时试验结束。

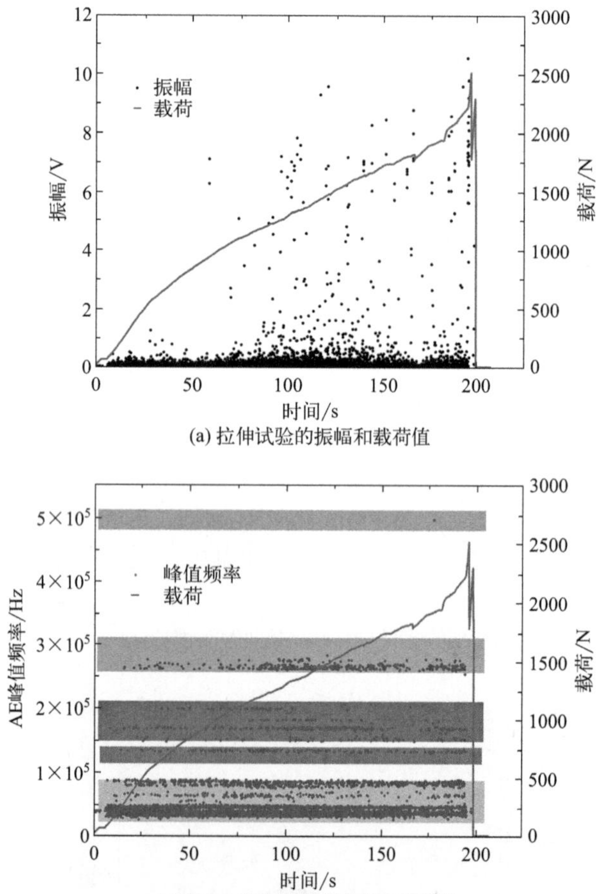

(a) 拉伸试验的振幅和载荷值

(b) 单轴压缩试验峰值频率和载荷值

图 5.18 纤维束拉伸与压缩试验的 AE 时程图

杉木试样在加载至 194.995s 时发生断裂，故选取时间在 194.995s 的 AE 信号进行 FFT，此时杉木试样被拉断，主要发生纤维断裂损伤。AE 信号的波形和频谱如图 5.19 所示。根据观察可知，AE 信号的 FFT 功率谱目前有两个峰值，主频分别为 87kHz 和 261kHz。为了区分主要损伤模式频率，采用 EMD 算法对信号进行分解。IMF1～4 与原始信号的相关系数分别为 0.7574、0.5801、0.1940 和 0.0046。因此，取前三个分量进行分析。

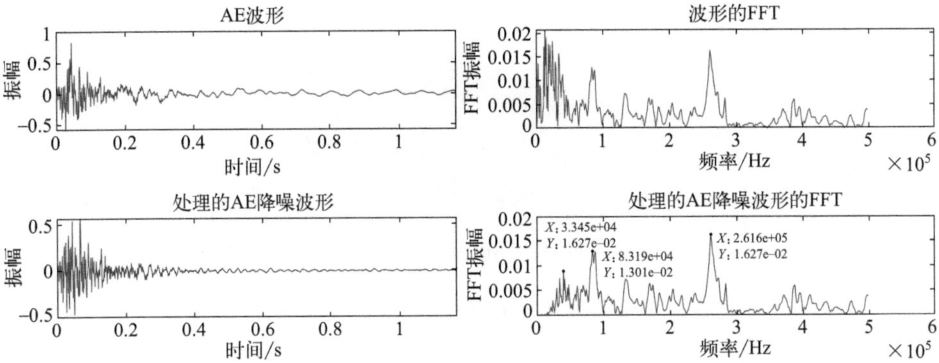

(a) AE原始波形和去噪波形　　(b) 频谱

图 5.19　194.995s 的 AE 波形和频谱分析图

图 5.20(a) 为 EMD 分解后得到的 IMF 分量的频谱，从中可以得到 IMF1 的峰值频率为 261.16kHz，IMF2 和 IMF3 的峰值频率分别为 87.48kHz 和 33.45kHz。图 5.20(b) 为信号的 3D 时频联合图，显然 250～270kHz 范围内的 AE 信号频率最为突出。

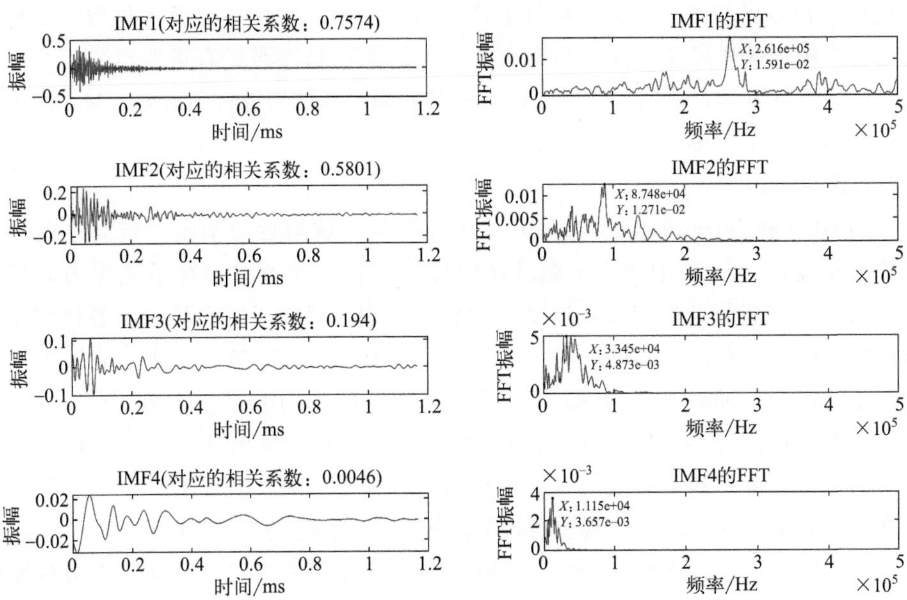

(a) AE波形在194.995s的EMD和IMF分量的FFT

图 5.20

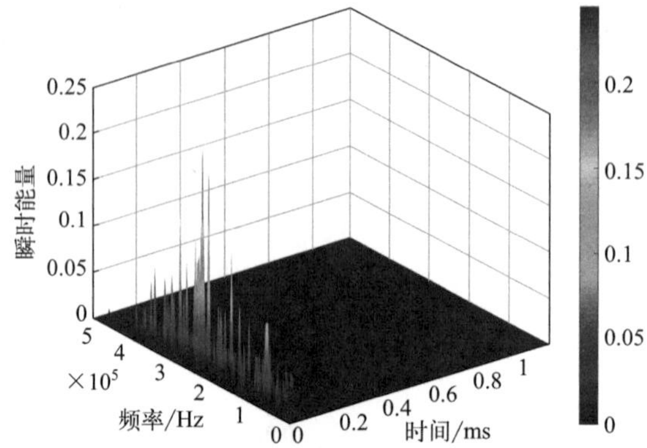

(b) 194.995s处AE信号的3D时频联合

图 5.20 IMF 的波形频谱图和 AE 波形的 3D 联合时频图

5.4.5 木材裂纹损伤的细微观结构研究

本书前面的章节主要研究了木材宏观裂纹的萌生和扩展规律并作出定量化分析，由于宏观裂纹是细微观损伤的一种不可逆演化的结果，所以木材在发生宏观裂纹之前，本身已经存在了不可忽视的细微观缺陷，如木材细胞壁裂隙、纤维束断裂、纹孔等。裂纹的萌生、扩展和裂纹的停止是承受外载荷的自然结果，在这一过程中，木材的细微观损伤同样会产生重要影响。因此，研究木材裂纹损伤演化过程中的细微观尺度特性对预测裂纹成核、生长和停滞具有重要意义。几十年来，已经有不少学者使用光学显微镜对木材断裂及其结构进行了研究（Mark 1967；Debaise et al.，1966，1972；Dinwoodie，1966，1968，1974；Jeronimidis 1976，1980；邵卓平，2007）。

Gordon 和 Jeronimidis（1980）提出，断裂区域附近的细胞在破裂之前可以吸收大量能量。S2 层中纤维素微纤丝的螺旋结构会导致材料在承受张力时发生特定的、由剪切驱动的变形，这是一种特殊的响应形式，这会导致断裂过程中出现高能量吸收（Jeronimidis 1980a，b）。Jeronimidis（1976）在他之前的著作中强调了在纵向拉伸时 S2 层在断裂过程中所起的重要作用。Keith 和 Cote（1968）提出，次生壁的边界层 S1—S2 是因剪切应变而导致内壁破坏的关键区域。对具有不同缠绕角度的螺旋纤维的空心圆柱管鳞片模型开展实验研究，研究表明，可以在约 15°的微纤丝角度观察到刚度和韧性之间的最佳平衡（Gordon & Jeronimidis，1980）。Kucera 和 Bariska（1982）使用管多层模型样本直接观察纵向压缩破坏的形成并指出，直到样本缩短到达到壁折叠充满管整个腔的阶段后，裂纹才会随之产生。它们总是在纵向上跨越一个或多个褶皱而平行于轴线出现，并且从外侧开始，贯穿薄片组或整个壁体。因此，识别木材细微观结构的特定损伤类型对于了解木材裂纹损伤机理和进一步建立裂纹损伤演化的高级模型至关重要。

本章采用扫描电子显微镜（简称 SEM，S-3400N Ⅱ，日立中国有限公司），对前文所述的单轴压缩试验、纤维拉伸试验、双悬臂梁试验试件断裂过程中的关键位置进行取样并研究。其中，单轴压缩试样选择加载后试样并且未与加载头接触的侧面部位的木材，纤维拉伸试样重点选择断口部位的木材，双悬臂梁试样选择裂纹张开口部位的木材，如图 5.21 所示，根据 SEM 测试样品的制备要求进行脱水、烘干处理，经过贴片和喷金处理后制成 SEM 观察试样。为了更清晰地观察杉木损伤过程中不同细微观的损伤类型，本研究对于不同位置取样的试样选用不同放大倍数进行观测，观测结果如图 5.22～图 5.25 所示。

(a) 粘样　　(b) 喷金

图 5.21　扫描电子显微镜及样品制备

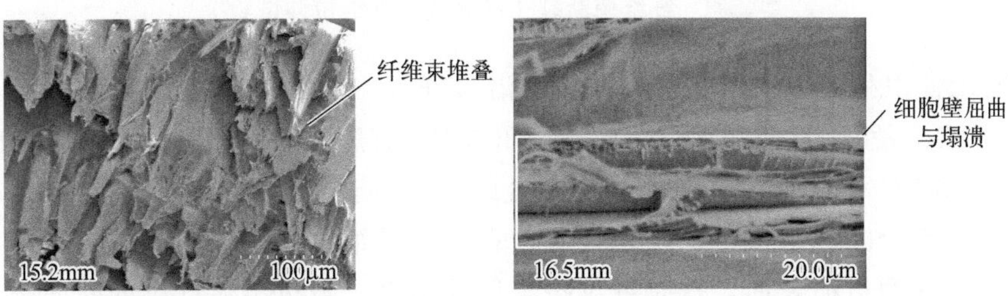

图 5.22　纤维束堆叠、胞壁屈曲与塌溃（样品选自单轴压缩试验）

图 5.22 展示了从杉木单轴压缩试样中选取样品的微观观测结果，可以清晰地观察到纤维束堆叠和细胞壁屈曲与塌溃。图 5.23 展示了从杉木 DCB 完全断裂试样的裂纹尖端选取样品的观测结果，从左图中可以看出层间开裂的裂纹界面的

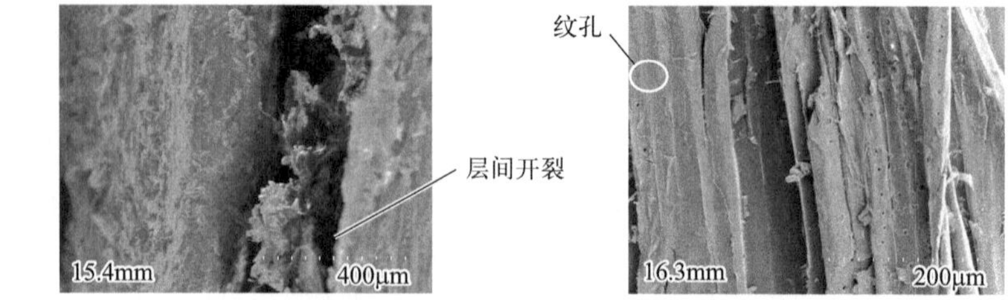

图 5.23 层间开裂（样品选自 DCB 试验）

图 5.24 纤维拔出（样品选自纤维拉伸试验）

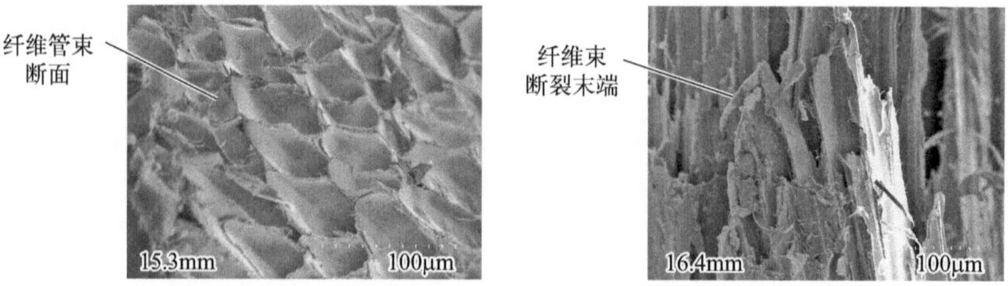

图 5.25 纤维束断裂（样品选自纤维拉伸试验）

分离。除此以外，由于杉木层间开裂会沿着纤维方向发生扩展，在细胞壁之间产生间隙，故右图能够观测到层间开裂后细胞壁上完整未损坏的纹孔。图 5.24 和图 5.25 所选取的样品都来自纤维拉伸试验。图 5.24 展示了在杉木试件发生完全断裂后试件的损伤位置，在杉木纤维拉伸试验中，试件断面会出现参差不齐的粗糙表面，这是纤维拔出后的结果，被拔出后纤维的断面呈现凹槽状，如右图所示。图 5.25 展示了杉木纤维拉伸试验拉断位置的断面观测结果，从图中可以清楚观察到纤维管束的断裂以及断裂后裸露的纤维束末端。综上所述，结合 SEM 技术从细微观角度进一步验证本研究对于木材不同损伤类型的判定合理性，为建立以声发射参数为判据的木材细观损伤模式识别方法提供了客观支撑。

5.4.6 基于 HILBERT-HUANG 变换分析的木材细观损伤模式识别

对木材试件进行了包括不同主要损伤类型的标准弯曲、拉伸和压缩测试，并从这些测试中记录了 AE 事件。为了获得优选的细观损伤类型，每组试件的纤维取向不同。木材的主要破坏机制包括细胞壁屈曲塌溃、层间开裂、纤维断裂、微裂隙损伤和纤维拔出。从各试件的声发射数据来看，声发射信号的幅值和能量很难作为区分不同细观损伤类型的特征，而更适合反映木材裂纹损伤的宏观损伤演化。如图 5.26 所示，统计结果表明，不同测试的峰值频率可分为 5 个频段，可能对应不同的细观损伤类型。据此定义了 5 个频段：①F1，20～80kHz；②F2，90～140kHz；③F3，150～210kHz；④F4，250～350kHz；⑤F5，470～500kHz。

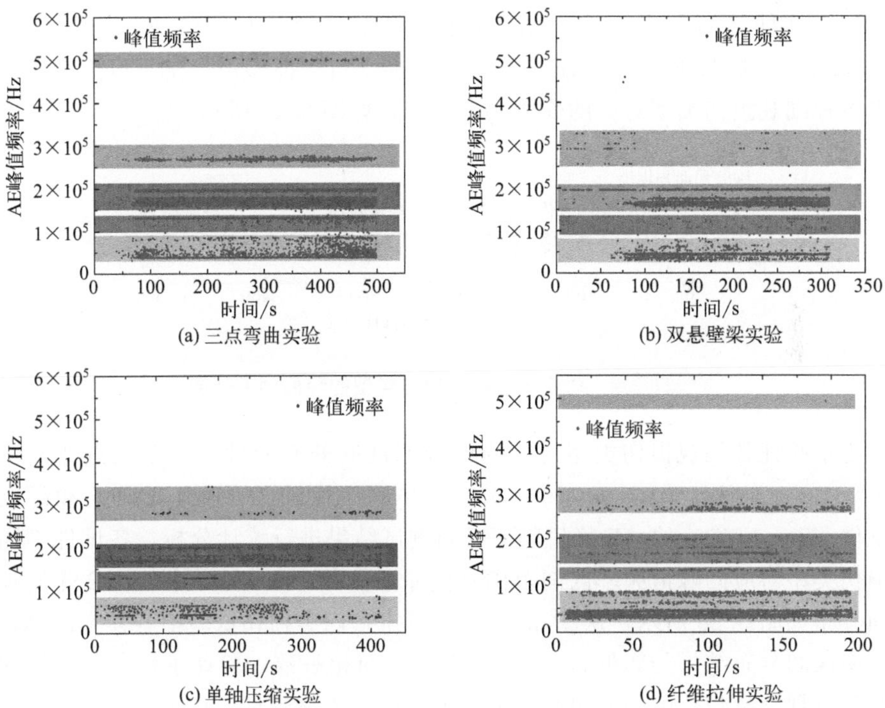

图 5.26 每个测试的峰值频率分布

预制 LT 型横裂木梁三点弯曲试验属于复合断裂模式，在断裂过程的每个阶段都存在一种以上的细观损伤类型。从图 5.26(a) 可以看出，F1～F4 频段出现在三点弯曲试验的全过程中，F5 频段出现在试验后期。另外，由于纤维束断裂试验的主要损伤方式是纤维断裂，在图 5.26(d) 中可以看出，F5 频带在纤维束断裂试验的最后出现，因此 F5 频带可能与对纤维断裂后的分层和纤维拔出损伤有关。单轴压缩试验的主要细观损伤类型是胞壁屈曲和塌溃。由图 5.26 反映的单轴压缩频域分析结果可知，AE 信号的频域是单峰的，属于 F1 频段。因此，频带 F1 与细胞壁屈曲和塌溃损伤有关。从图 5.26(b) 可以看出，DCB 试验前期没有明显的 AE 信号，层间损伤开始后产生的声学信号主要集中在 F1 和 F3 频段。因此推测 F3 对应的破坏模式为层间开裂，在试验过程中木梁受压区伴随着胞壁屈曲塌溃破坏。F2 波段的 AE 事件几乎在大多数测试中均发生。在单轴压缩试验中频带 F2 的声学信号相对较少。由于除单轴压缩试验外，其他弯曲和拉伸试验都必须有拉伸区，而当拉伸区的应力达到临界值时，必然会有裂纹萌生。木材裂纹萌生前在断裂过程中会产生微裂隙损伤，因此频带 F2 可能对应于微裂隙损伤。纤维断裂损伤是纤维束拉伸试验中的主要损伤方式之一。根据文献 (Zhong et al., 2016) 所述，纤维断裂事件通常以较高的频率发生。图 5.26(d) 中 F4 频段的 AE 事件可对应纤维断裂损伤。需要补充的是，由于夹具与纤维束拉伸试验试件之间存在摩擦，AE 事件的频率范围会与频带 F1 重合。因此，图 5.26(d) 中频带 F1 中的 AE 事件部分可能来自摩擦噪声。基于以上分析，总结出每种细观损伤类型对应的峰值频率范围，如图 5.27 所示。

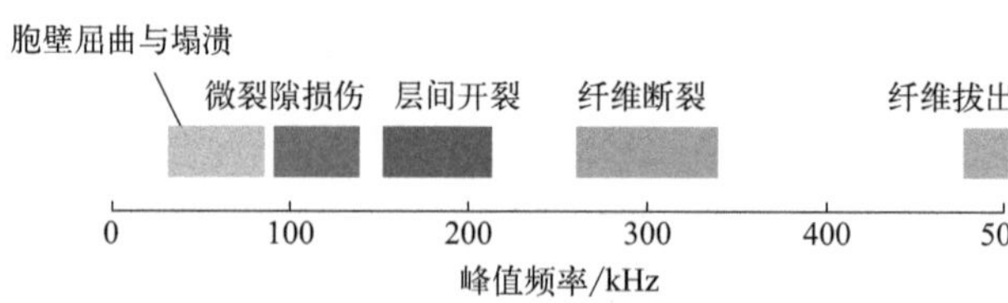

图 5.27　对应于各细观损伤类型的峰值频率范围

为了验证各细观损伤类型对应峰值频率区间的有效性，对于三点弯曲试件 (S0～S19)、双悬臂梁试件 (D0～D19)、单轴压缩试件 (U0～U19) 和纤维拉伸试件 (T0～T19) 的 AE 峰值频率区间测试结果进行统计分析，各试件不同细观损伤类型对应的峰值频率区间范围见附录 B。其中 80 组样本的 AE 峰值频率区间分布如图 5.28 所示，从图 5.28 可以看出，四类损伤试验中各样本的 AE 峰值频率区间分布结果与频带 F1～F5 的频率区间相一致，验证了针对单一细观损伤类型所划分频带范围的适用性。不同组试件受木材纹理、加载方式的影响，同一细观损伤类型的频带范围存在一定差异，但波动范围不超过 F1～F5 的频率区间。例如单轴压缩试件微裂隙损伤所产生的 AE 峰值频率区间比其他三类损伤试验试件测试结果小，可能的原因是受压的加载方式影响了木试件在产生微裂隙损伤时 AE 信号的传播。除此之外，频带 F5 存在于三点弯曲复合断裂过程和纤维拉伸断裂过程中，在单轴压缩试件和双悬臂梁拉伸试件的测试结果中几乎没有出现，说明在单轴压缩和双悬臂梁试验中纤维拔出这一损伤类型很少产生。而胞壁屈曲与塌溃、微裂隙损伤、层间开裂、纤维断裂存在于四类断裂试验所有的样本测试结果中，说明从细微观角度来看，单一细观损伤类型是构成木材宏观断裂的损伤基元，AE 信号往往包含着复合型细微观损伤，通过测试 AE 峰值频率可以有效识别木材不同细观损伤类型。

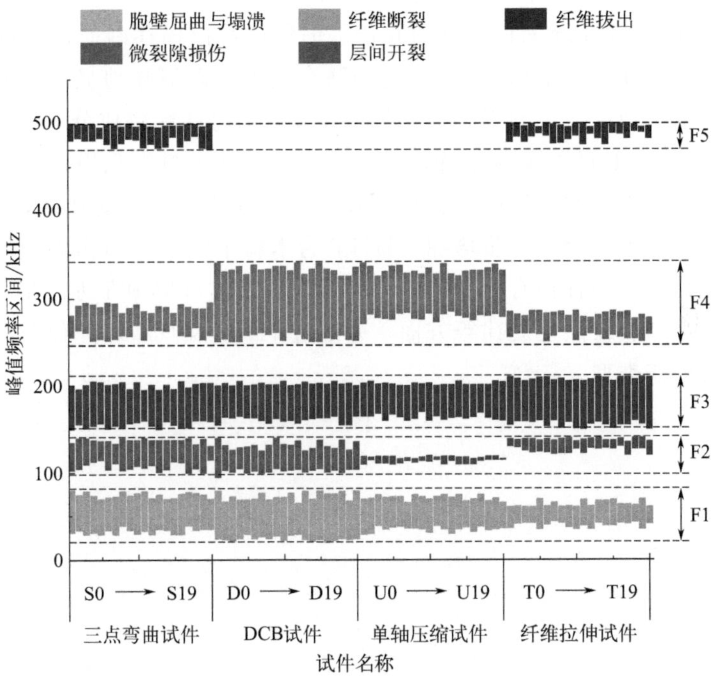

图 5.28 四组试验的峰值频率区间分布（样本量 20×4）

5.5 本章小结

本章的研究目的是通过弯曲、拉伸、压缩试验和 AE 技术的组合来识别杉木不同细观损伤类型。因此，试验采用不同纤维方向和加载方向的试件，以可控的方式产生不同类型损伤。在测试期间，特定的损坏模式将可能出现在给定的试样中。通过对测试中采集的 AE 信号进行滤波、去噪、傅里叶变换等后处理和分析，得到与特定细观损伤类型相关的声发射特性。在这项研究中，EMD 和 HHT 用于分离和识别复合信号中的所有细观损伤类型。主要结论如下。

① AE 幅值和能量能较好地反映木材的损伤演化过程，但不能有效区分破坏机理。从声发射信号的频域分析结果可以清楚地区分木材不同破坏模式对应的声发射峰值频率规律。因此，AE 峰值频率更为合适，可作为识别和区分不同破坏模式的重要参数，从而进一步识别木材的不同破坏模式。

② 木材断裂过程中产生的 AE 信号往往是复合损伤信号，其中包含不止一种的细观损伤类型。通过 EMD 算法和 FFT 可以分离并提取不同细观损伤类型对应的声发射特征。不同损伤类型对应的峰值频率区间为：a. 胞壁屈曲与塌溃，20～80kHz；b. 微裂隙损伤，90～140kHz；c. 层间开裂，150～210kHz；d. 纤维束断裂，250～350kHz；e. 纤维拔出，470～500kHz。

③ 对 AE 信号进行 HHT 得到的希尔伯特谱可以描述瞬时能量随频率和时间变化的规律。在声发射信号的 3D 时频联合图上可以清晰地显示时间尺度上的频率分布，清楚地区分不同细观损伤类型声发射信号的频率成分。

综上所述，AE 的峰值频率提供了一种表征不同木材细观损伤类型的有效方法。但由于木材中特殊的纤维结构和实际工况、载荷方向的复杂性，AE 信号中包含的损坏模式可能会进一步增加。HHT 为木材不同细观损伤类型的声发射信号特征提取提供了一种很有前景的方法。未来的工作可集中在进一步了解木质材料的破坏机理和裂纹演化规律等方面，并通过 HHT 实现实时原位监测和识别木材不同细观损伤类型。

6

木梁裂纹损伤主要研究成果与未来研究方向

6.1 主要研究成果

木质建筑物与木构件中存在的原始裂纹缺陷，在环境与外力荷载的长期耦合作用下，往往进一步扩展、劣化，最终可能导致构件断裂甚至整体失效。尤其对于珍贵木质文物，其裂纹演化过程缺乏有效的监测与预警手段，已成为当前木质文化遗产保护中的重要技术难题。基于课题组已有研究，本书从宏观与细观两个尺度系统研究了杉木的裂纹损伤机理与演化规律，建立了结合声发射（AE）技术与数字图像相关（DIC）方法的木材裂纹萌生原位检测方法，并构建了裂纹扩展过程中AE参数与表面位移场之间的关联模型。通过分析杉木的等效线弹性断裂力学（LEFM）裂纹长度与R阻力曲线，进一步确定了基于内聚力双线性软化本构的杉木损伤演化模型，实现了对裂纹萌生与扩展过程的有限元数值模拟。在细观层面，借助扫描电子显微镜观测并结合AE信号与HILBERT-HUANG变换分析，提出了木材细观损伤模式的识别方法，实现了对不同损伤类型的有效判别。本研究为木质建筑及构件的裂纹损伤无损检测与健康状态评估提供了理论依据与关键技术支撑。

本书的主要研究成果如下。

① 基于AE和DIC方法对含裂纹杉木梁的裂纹萌生原位检测进行了试验研究。对试验加载过程中声发射累计振铃计数、幅度以及表面应变的变化规律进行了分析和总结，结果表明：声学参数与加载点位移关系曲线表现出不同阶段的斜率变化特征，说明了声发射参数对于木材内部损伤检测有较好的灵敏度。数字图像相关方法能够有效测量木梁表面的变形分布情况，图像测量结果验证了利用声发射累计振铃计数、幅度等参数对木梁裂纹萌生规律预测的可行性，

同时根据表面应力集中区域的演变能够提前预测出木材裂纹萌生的位置和裂纹的扩展方式。

② 利用AE、DIC、电测法3种方法对含LT型裂纹木梁的起裂载荷 P_{ini} 进行了试验研究，结果表明：含LT型裂纹木梁的起裂载荷与峰值载荷之比为40%～50%，这与传统的断裂韧性三点弯曲试验方法的结果不一致。运用3种方法所确定的起裂载荷，其大小排序为：声发射方法＜数字图像相关法＜电测法，说明木材起裂所产生的内部损伤首先会在声发射参数变化上体现，再在表面应变的变化上反映，在实际应用时可结合实际工况选择合适的测量方法。

③ 根据DIC位移场得到的裂纹张开位移（COD）可以精确计算裂纹扩展长度和扩展速度。裂纹萌生后，50%峰值载荷前裂纹的扩展速度逐渐加快，50%峰值载荷后，扩展速度越来越慢，直至主裂纹停止扩展，产生其他次生裂纹。同时建立了AE参数与DIC法测得的裂纹扩展之间的联系，找到了裂纹扩展长度与累积声发射计数率之间的比例关系。这为利用声发射监测木材不可视化隐藏裂纹的扩展提供了一种可能。

④ 基于内聚力双线性软化本构模型对杉木裂纹损伤演化进行有限元模拟。基于杉木DCB双悬臂梁试验和DIC方法测量木材等效LEFM长度和裂纹张开口位移COD，确定杉木的时间R阻力曲线，根据R阻力曲线和内聚力双线性软化本构模型的双射关系，从而确定杉木内聚力双线性软化本构模型特征参数，利用以上研究成果，基于本构模型模拟杉木横纹裂纹损伤演化过程，通过与实际试验结果对比验证了本构模型的适用性。

⑤ 结合扫描电子显微镜，基于AE波形和HILBERT-HUANG变换对以不同损伤类型为主导的木材断裂损伤试验进行细观损伤模式识别研究，从细微观角度研究木材损伤的破坏机理并进行不同损伤类型的识别。结果表明：木材断裂过程中产生的AE信号往往是复合损伤信号，其中包含不止一种细观损伤类型。AE幅值和能量能较好地反映木材裂纹的宏观损伤演化过程，但不能有效区分细观破坏机理，而AE峰值频率为区分木材细观损伤类型提供了一种有效方法。利用EMD算法和FFT可以分离提取不同细观损伤类型对应的声发射特征。不同细观损伤类型对应的峰值频率区间为：a. 胞壁屈曲塌溃，20～80kHz；b. 微裂隙损伤，90～140kHz；c. 层间开裂，150～210kHz；d. 纤维束断裂，250～350kHz；e. 纤维拔出，470～500kHz。本书的研究内容为木质文物的裂纹损伤的监测和提供了理论依据和技术支撑。

6.2 方法与技术创新

① 提出了基于声发射和数字图像相关方法的杉木裂纹萌生和扩展的检测

方法，确定了木梁起裂载荷的判定依据。建立了AE参数与DIC所测量的杉木裂纹扩展长度之间的相关函数，为测量木材不可视化隐藏裂纹的扩展提供依据。

② 基于双线性内聚力软化本构模型确定了杉木裂纹损伤演化本构曲线的关键参数，并开发用户子程序VUMAT实现对内聚力单元材料本构模型的定义，为采用双线性软化本构模型模拟杉木裂纹损伤演化过程提供理论和技术支持。

③ 提出了基于AE-HILBERT HUANG的木材细观损伤模式识别方法，结合扫描电子显微技术，建立了木材不同细观损伤类型所对应的AE峰值频率划分区间，为采用AE方法实现木材细观损伤的模式识别提供了科学合理的依据。

6.3 未来研究展望

本书在杉木的裂纹萌生检测技术、裂纹扩展行为评估、裂纹损伤演化本构模型、细观损伤类型的识别等方面进行了细致而深入的研究，建立了一套适用于含裂纹木质建筑以及木构件裂纹损伤演化的无损检测系统，但是还存在以下需要改进和进一步研究的地方。

① 本书以现代健康杉木作为研究对象，通过试验研究了杉木在外载荷作用下的裂纹萌生、扩展等演变规律，利用AE参数和表面位移应变场构建杉木裂纹损伤状态评价体系。但如今现存大量年代久远的古代木质建筑和珍贵木质文物(如故宫、应县木塔、泉州湾宋代海船等)，加之这些文物长期暴露于空气湿度波动较大的自然环境中，木材反复吸湿干燥会引起原有裂纹的不规则劣化，导致其结构和性能更为复杂。现代杉木难以准确模拟出古木的损伤演化规律，因此未来的研究有必要制备现代木材的人工老化试件，构建老化木材在空气湿度影响下的裂纹损伤演化规律评价体系。

② 内聚力模型最先被应用于研究并模拟均质材料界面损伤问题，近年来在对该模型不断改进的基础上，利用其研究非均质材料损伤演化以及复杂裂纹扩展成为了新的趋势。本书研究确定了杉木内聚力本构模型的特征参数，基于杉木双线性软化本构曲线对木材的裂纹萌生和扩展过程进行有限元模拟，得到了和试验较为吻合的计算结果。但是，将内聚力模型应用于研究木质材料的断裂损伤问题仍然存在一些难点：如插入内聚力单元的方式比较冗杂；引入内聚力单元会导致仿真结果收敛性差并出现虚刚度等问题；含水率对于内聚力模型的影响等。因此，利用内聚力模型来研究含裂纹木构件的损伤与破坏，模拟任意类型裂纹的扩展，尚有很多问题待完善或解决。

③ 本书所提出的基于 AE 和 DIC 的杉木宏观裂纹演化和细观损伤模式识别的无损检测方法目前仍依赖人工分析后处理，因此未来将考虑将检测方法与检测设备相结合，同时提高检测数据后处理的自动化程度，实现对木材裂纹扩展的断裂过程区域的自动识别和测量，对损伤区域裂纹萌生扩展的智能化分析和预警，并结合细观损伤类型的识别结果智能推荐含裂纹木构件或木质建筑的损伤劣化预防措施和修复建议。

参考文献

[1] 丁小康．木材切片干燥过程中声发射信号的检测与分析［D］．北京：北京林业大学，2012.

[2] 范文英，徐虹，龚蒙．木材断裂韧性 KIC 测定方法的研究［J］．南京林业大学学报（自然科学版），1993，(03)：80-82.

[3] 费本华，张东升．木材断裂裂纹及应力场的分形研究［J］．木材工业，2003（03）：7-912.

[4] 龚翠芝，刘一星，王强，等．鱼鳞云杉微切片拉伸破坏的细观试验 与应变场分析［J］林业科学，2008，44（3）：166-169.

[5] 金观昌．计算机辅助光学测量［M］北京：清华大学出版社，1997.

[6] 李得睿，周焕新，程斌．基于二阶链式子区的金属拉伸试验 DIC 辅助测试方法［J］．工程力学，2024，41（04）：237-246.

[7] 林兰英，何盛，傅峰，等．基于图像处理微波处理材裂纹评价［J］．林业科学，2014，50（04）：84-89.

[8] 鹿振友，王丽宇，刘艳．白桦材断裂韧度的各向异性性质［J］．力学与实践，2004（04）：47-49.

[9] 鹿振友．断裂力学在木材加上上的应用［J］．北京林业大学学报，1988，10（3）：49-56.

[10] 潘兵．数字图像相关方法及其在实验力学中的应用［D］．北京：清华大学，2007：12-13.

[11] 邵卓平，陈品，查朝生．木材损伤断裂过程的声发射特性与 Felicity 效应［J］．林业科学，2009，45（2）：86-91.

[12] 邵卓平，江泽慧，任海青．线弹性断裂力学原理在木材中应用的特殊性与木材顺纹理断裂［J］．林业科学，2002（06）：110-115.

[13] 邵卓平，任海青，江泽慧．木材横纹理断裂及强度准则［J］．林业科学，2003（01）：119-125.

[14] 邵卓平．木材损伤断裂与木材细观损伤基本构元［J］．林业科学，2007（04）：107-110.

[15] 邵卓平．木材和竹材的断裂与损伤［D］．合肥：安徽农业大学，2009.

[16] 邵卓平．木材断裂韧性测试研究［J］．力学与实践，2002，24（4）：49-51.

[17] 孙艳玲，张青，赵东．木材裂纹尖端应力、应变场的数值分析［J］．北京林业大学学报，2010，32（01）：103-107.

[18] 王丽宇，鹿振友，张明辉，等．木材干燥后的裂纹与断裂［J］．木材工业，2002（02）：26-28.

[19] 王丽宇，鹿振友，赵东．白桦材 LT 型裂纹的演化与增长行为的研究［J］．北京林业大学学报，2002，(02)：61-63.

[20] 王丽宇．木材裂纹扩展及其断裂行为的研究［D］．北京：北京林业大学，2002.

[21] 王明谦，顾祥林，宋晓滨，等．木材非线性受力行为的表征方法研究进展［J］. 建筑结构学报，2021，42（10）：76-86.
[22] 温宇鑫．出水木质文物含水率场检测方法与装置及其强度评估研究［D］. 北京：北京林业大学，2020.
[23] 杨滨，郝景新，刘拓宇，等．基于灰度与彩色图像处理的木破率测量法研究［J］. 建筑材料学报，2023，26（3）：289-298.
[24] 姚洁香，董伟，钟红．岩石-混凝土界面拉伸断裂性能的率相关性研究［J］. 工程力学，2022（12）：108-119.
[25] 张喆．数字散斑相关法测量木材断裂韧性的应用研究［D］. 北京：北京林业大学，2013.
[26] 张志研．木材损伤的声发射特征及裂纹扩展机理研究［D］. 北京：北京林业大学，2009.
[27] 赵鹏，韩金城，王承琨．基于 I-BGLAM 纹理和光谱融合的高光谱显微成像木材树种分类［J］. 光谱学与光谱分析，2021，41（02）：599-605.
[28] 赵亓．出水木质文物损伤演化声发射特征与失稳预测方法及装置研究［D］. 北京：北京林业大学，2020.
[29] 赵艳华，李征，常建梅．木材Ⅰ/Ⅱ复合型断裂破坏研究进展［J］. 力学与实践，2017，39（01）：7-17.
[30] Agrawal C P. Full 2-field drformation measurements in wood using digital image processing [D]. Virginia：Virginia Polytechnic Institute and State University，1989.
[31] Aicher S，Dill Langer G，Ranta- Maunus A. Duration of load effect in tension perpendicularto the grain of glulam in different climates [J]. Holz Roh-Werkst，1998，56：279-284.
[32] Aicher S，Höfflin L，Dill-Langer G. Damage evolution and acoustic emission of wood at tension perpendicular to fiber [J]. Holz als Roh-und Werkstoff，2001，59（1-2）：104-116.
[33] Aicher S，Reinhardt H W，Klöck W. Nichtlineares bruch-mechanik-massstabsgesetz für Fichte bei Zugbeanspruchungsenkrecht zur Fasserrichtung [J]. Holz als Roh Werkst，1993，5：385-394.
[34] Aicher S. Fracture energies and size effect law for spruce and oak in mode Ⅰ. Determination of fracture properties of wood especially in mode Ⅱ and mixed modes Ⅰ and Ⅱ [C]. Proceedings of the RILEM TC 133 Meeting，Bordeaux，1992.
[35] Alam S Y，Saliba J，Loukili A. Fracture examination in concrete through combined digital image correlation and acoustic emission techniques [J]. Constr. Build. Mater.，2014，69，232-242.
[36] Allix O，Ladevèze P. Damage analysis of interlaminar fracture specimen [J]. Comput. Struct.，1995，31：61-74.
[37] Ando K，Hirashima Y，Sugihara M. Microscopic processes of shearing fracture of old wood，examined using the acoustic emission technique [J]. Jpn. Wood. Res. Soc.，2006，52：483-489.
[38] Ardalany M，Deam B，Fragiacomo M. Experimental results of fracture energy and frac-

ture toughness of Radiata Pine laminated veneer lumber (LVL) in model I (opening) [J]. Materials and Structures, 2012, 45 (8): 1189-1205.

[39] Ashby M F, Easterling K E, Harryson R, et al. The fracture and toughness of woods [J]. Proc Roy Soc Lond, 1985, A398: 261-280.

[40] Attack D, May W D, Morris E L, et al. The energy of tensile and cleavage fracture in black spruce [J]. Tappi J., 1961, 44 (8): 555-567.

[41] Baensch F, Sause M G R, Brunner A J, et al. Damage evolution in wood-pattern recognition based on acoustic emission frequency spectra [J]. Holzforschung, 2015, 69: 357-365.

[42] Barenblatt G I. Advances in Applied Mechanics [M]. Amsterdam: Academic Press, 1962.

[43] Barenblatt G I. The mathematical theory of equilibrium of cracks in brittle fracture [J]. Adv. Appl. Mech., 1962, 7: 55-129.

[44] Barile C, Casavola C, Pappalettera G, et al. Analysis of crack propagation in stainless steel by comparing acoustic emissions and infrared thermography data [J]. Engng. Fail. Anal., 2015, 69: 35-42.

[45] Bazant Z, Planas J. Fracture and size effect in concrete and otherquasibrittle materials [M]. CRC Press LLC, 1998.

[46] Bazant Z P, Kazemi M T. Size effectin in fracture of ceramics and its use to determine fracture energy and effective process zone length [J]. J. Am. Ceram. Soc., 1990, 73 (7): 1841-1853.

[47] Bazant Z P. Concrete fracture models: testing and practice [J]. Engng. Fract. Mech., 2002, 69: 165-205.

[48] Bazant Z P. Crack band theory for fracture of concrete [J]. Mater. Struct., 1983, 16: 155-77.

[49] Beall F C. Overview of the use of ultrasonic technologies in research on wood properties [J]. Wood Science & Technology, 2002, 36 (3): 197-212.

[50] Berg J E, Gradin P A. Effect of temperature on fracture of spruce in compression, investigated by use of acoustic emission monitoring [J]. J. Pulp. Pap. Sci., 2000, 26: 294-299.

[51] Blaber J, Adair B, Antoniou A. Ncorr: Open-Source 2D Digital Image Correlation Matlab Software [J]. Exp. Mech., 2015, 55 (6): 1105-1122.

[52] Booker J D. Acoustic emission related to instantaneous strain in Tasmanian eucalypt timber during seasoning [J]. Wood Science & Technology, 1994, 28 (4): 249-259.

[53] Boström L. The stress-displacement relation of wood perpendicular to the grain [J]. Wood Sci. Technol., 1994, 28: 309-17.

[54] Boyd J D. Helical fissures in compression wood cells: causative factors and mechanics of development [J]. Wood Sci. Technol., 1973, 7: 92-111.

[55] Brunner A J, Howald M T, Niemz P. Acoustic emission rate behavior of laminated wood specimens under tensile loading [J]. J. Acoust. Emiss., 2006, 24: 104-110.

[56] Cai M F, Liu D M. Study of failure mechanisms of rock under compressive-shear loading

using real-time laser holography [J]. Int. J. Rock. Mech. Min. Sci. , 2009, 46: 59-68.

[57] Chen Z, Gabbitas B, Hunt D. Monitoring the fracture of wood in torsion using acoustic emission [J]. J. Mater. Sci. , 2006, 41: 3645-3655.

[58] Choi D, Thorpe J L, Hanna R B. Image analysis to measure strain in wood and paper [J]. Wood Science & Technology, 1991, 25 (4): 251-262.

[59] Clerc G, Sause M G R, Brunner A J, et al. Fractography combined with unsupervised pattern recognition of acoustic emission signals for a better understanding of crack propagation in adhesively bonded wood [J]. Wood Sci. Technol. , 2019, 53 (6): 1235-1253.

[60] Cotterell B. The past, present and future of fracture mechanics [J]. Eng. Fract. Mech. , 2002, 69: 533-553.

[61] Coureau J L, Morel S, Gustafsson P J, et al. Influence of the fracture softening behaviour of wood on load-COD curve and R-curve [J]. Mater Struct, 2006, 40: 97-106.

[62] Coureau J L, Morel S, Dourado N. Cohesive zone model and quasibrittle failure of wood: A new light on the adapted specimen geometries for fracture tests [J]. Eng. Fract. Mech. , 2013, 109: 328-340.

[63] Coureau J L, Galimard P, Cointe A, et al. Resistance-curves and wood variability: Application of glued-in-rod [J]. International Journal of Adhesion and Adhesives, 2016, 70: 1-9.

[64] Courtinho A L G A, Martins M A D, Sydenstricker R M, et al. Simple zero thickness kinematically consistent interface elements [J]. Comput Geotech, 2003, 30: 347-374.

[65] Dai Y, Gruber D, Harmuth H. Observation and quantification of the fracture process zone for two magnesia refractories with different brittleness [J]. J. Eur. Ceram. Soc. , 2017, 37: 2521-2529.

[66] Dasgupta R, Hay J C, Ortiz-Longo C R, et al. Experimental study of the microstructural influence of the strain-softening behavior of cement mortar [J]. Cement Concrete Res, 1998, 28 (10): 1429-1444.

[67] Daudeville L. Fracture in spruce: experiment and numerical analysis by linear and non-linear fracture mechanics [J]. Holz als Roh und Werstoff, 1999, 57: 425-432.

[68] De Moura MFSF, Dourado N, Morais J. Crack equivalent based method applied to wood fracture characterization using the single edge notched three point bending test [J]. Engng. Fract. Mech. , 2010, 77: 510-520.

[69] De Moura MFSF, Morais J, Dourado N. A new data reduction scheme for mode I wood fracture characterization using the double cantilever beam test [J]. Engng. Fract. Mech. , 2008, 75: 3852-3865.

[70] De Moura MFSF, Dourado N. Wood Fracture Characterization [M]. Boca Raton: CRC Press, 2018.

[71] Diakhate M, Bastidas-Arteaga E, Moutou Pitti R, et al. Cluster analysis of acoustic emission activity within wood material: Towards a real-time monitoring of crack tip propagation [J]. Engineering Fracture Mechanics, 2017b, 180: 254-267.

[72] Diakhate M, Bastidas-Arteaga E, Moutou Pitti R, et al. Probabilistic improvement of

crack propagation monitoring by using acoustic emission [J]. Fracture, Fatigue, Failure and Damage Evolution, 2017a, 11: 1-8.

[73] Dong W, Wu Z M, Zhou X M, et al. An experimental study on crack propagation at rock-concrete interface using digital image correlation technique [J]. Eng. Fract. Mech., 2017, 171: 50-63.

[74] Dourado N, Morel S, De Moura MFSF, et al. Comparison of fracture properties of two wood species through cohesive crack simulations [J]. Composites: Part A, 2008, 39: 415-27.

[75] Dubois F, Méité M, Pop O, et al. Characterization of timber fracture using the digital image correlation technique and finite element method [J]. Eng. Fract. Mech., 2012, 96: 107-121.

[76] Dugdale D S. Yielding of steel sheets containing slits [J]. J. Mec. Phys. Solids, 1960, 8: 100-108.

[77] Elices M, Guinea G V, Gómez J, et al. The cohesive zone model: advantage, limitations and challenges [J]. Engng. Fract. Mech., 2002, 69: 137-63.

[78] Farhidzadeh A, Mpalaskas A C, Matikas T E, et al. Fracture mode identification in cementitious materials using supervised pattern recognition of acoustic emission features [J]. Construction and Building Materials, 2014, 67: 129-138.

[79] Gencturk B, Hossain K, Kapadia A, et al. Use of digital image correlation technique in full-scale testing of prestressed concrete structures [J]. Measurement, 2014, 47: 505-515.

[80] Gibson L J, Ashby M F. Cellular solids: structure and properties [M]. Cambridge: Cambridge University Press, 1997.

[81] Goitseone M, Mark A, Pilate M. Lateral deformation of RC beams under simultaneous load and steel corrosion [J]. Construction and Building Materials, 2009, 24 (1): 17-24.

[82] Guel N, Hamam Z, Godin N, et al. A. Data Merging of AE Sensors with Different Frequency Resolution for the Detection and Identification of Damage in Oxide-Based Ceramic Matrix Composites [J]. Materials, 2020, 13: 4691.

[83] Guinea G V. Modelling the fracture of concrete: the cohesive crack [J]. Mater. Struct., 1995, 28: 187-194.

[84] Hadjab S H, Chabaat M, Thimus J F. Use of scanning electron microscope and the non-local isotropic damage model to investigate fracture process zone in notched concrete beams [J]. Exp. Mech., 2007, 47 (4): 473-484.

[85] Haggerty M, Lin Q, Labuz J. Observing deformation and fracture of rock with speckle patterns [J]. Rock Mech. Rock Eng., 2010, 43 (4): 417-426.

[86] Hamdi S E, Le Duff A, Simon L, et al. AE pattern recognition approach based on HilbertHuang transform for structural health monitoring in polymer-composite materials [J]. Appl. Acoust., 2013, 74: 746-747.

[87] Han W, Zhou J. AE characterization methods of damage modes identification on carbon fiber twill weave laminate [J]. China Technol. Sci., 2013, 56: 2228-2237.

［88］ Harilal R，Ramji M. Adaptation of Open Source 2D DIC Software Ncorr for Solid Mechanics Applications ［A］. //Procedings of 9th International Symposium on Advanced Science and Technology in Experimental Mechanics ［C］. New Delhi，India，2014：1-6.

［89］ Hillerborg A，Modéer M，Petersson PE. Analysis of crack formation and crack growth in concrete by means of fracture mechanics and finite elements ［J］. Cement Concrete Res，1976，106：773-782.

［90］ Hillerborg A. Application of the fictitious crack model to different types of materials ［J］. Int. J. Fract.，1991，51：95-102.

［91］ Hofstetter K，Hellmich C，Eberhardsteiner J. Micromechanical modelling of solid-type and plate-type deformation patterns within softwood materials. A review and an improved approach ［J］. Holzforschung，2007，61：343-351

［92］ Hu M，Johansson M，OlssonA，et al. Local variation of modulus of elasticity in timber determined on the basis of non-contact deformation measurement and scanned fibre orientation ［J］. European Journal of Wood and Wood Products，2015，73（1）：17-27.

［93］ Hu X，Duan K. Size effect：Influence of proximity of fracture process zone to specimen boundary ［J］. Eng. Fract. Mech.，2007，74：1093-1100.

［94］ Hu XY，Liu ZL，Zhuang Z. XFEM study of crack propagation in logs after growth stress relaxation and drying stress accumulation ［J］. Wood Sci. Technol.，2017，51（6）：1447-1468.

［95］ Huang N E，Shen Z，Long S R. A New View of Nonlinear Water Waves：The Hilbert Spectrum1 ［J］. Annu. Rev. Fluid Mech.，1998，31：417-457.

［96］ Jeong G Y. Tensile properties of loblolly pine strands using digital image correlation and stochastic finite element method ［D］. Blacksburg：Faculty of Virginia Polytechnic Institute，2008：50-71.

［97］ Keunecke D，Novosseletz K，Lanvermann C，et al. Combination of X-ray and digital image correlation for the analysis of moisture-induced strain in wood：opportunities and challenges ［J］. European Journal of Wood and Wood Products，2012，70（4）：407-413.

［98］ King M J，Sutherland I J，Le-ngoc L. Fracture toughness of wet and dry pinus radiata ［J］. Holz als Roh-und Werkstoff，1999，57（4）：235-240.

［99］ Kollmann FFP，Côté Jr W A. Principles of wood science and technology ［M］. Berlin：Springer-Verlag，1968.

［100］ Kordatos E Z，Aggelis D G，Matikas TE. Monitoring mechanical damage in structural materials using complimentary NDE techniques based on thermography and acoustic emission ［J］. Compos Pt B-Eng.，2012，43（6）：2676-2686.

［101］ Krause M，Dackermann U，Li J. Elastic wave modes for the assessment of structural timber：ultrasonic echo for building elements and guided waves for pole and pile structures ［J］. J. Civil Struct Health Monit，2015，5：221-249.

［102］ Lamy F，Takarli M，Angellier N，et al. Acoustic emission technique for fracture analysis in wood materials ［J］. Int. J. Fract，2015，192（1）：57-70.

［103］ Landis E N，Whittaker D B. Acoustic emissions and the fracture energy of wood. In：Ansari F (ed) Condition monitoring of materials and structures [J]. ASCE, Reston, 2000, 21-29.

[104] Lespine C. Influence de la géométrie des structures sur les propriétés de rupture dans les matériaux quasi-fragiles [D]. Bordeaux: Université Bordeaux 1, 2007.

[105] Li X, Li M, Ju S. Frequency Domain Identification of AE Events of Wood Fracture and Variable Moisture Content [J]. For. Prod. J., 2020, 70: 107-114.

[106] Lin Q, Fakhimi A, Haggerty M, et al. Initiation of tensile and mixed-mode fracture in sandstone [J]. Int. J. Rock Mech. Min. Sci., 2009, 46: 489-497.

[107] Lin Q, Labuz J F. Fracture of sandstone characterized by digital image correlation [J]. Int. J. Rock Mech. Min. Sci., 2013, 60: 235-245.

[108] Luimes R A, Suiker ASJ. Numerical modelling of climate-induced fracture and deformation in wood: Application to historical museum objects [J]. International Journal of Solids and Structures, 2021, 210-211 : 237-254.

[109] Lu Y L, Li W S, Wang L G, et al. In-situ microscale visualization experiments on microcracking and microdeformation behaviour around a pre-crack tip in a three-point bending sandstone [J]. International Journal of Rock Mechanics and Mining Sciences, 2019, 114: 175-185.

[110] Malumbela G, Alexander M, Moyo P. Lateral deformation of RC beams under simultaneous load and steel corrosion [J]. Construction & Building Materials, 2010, 24 (1): 17-24.

[111] Manterola J, Aguirre M, Zurbitu J, et al. Using acoustic emissions (AE) to monitor mode I crack growth in bonded joints [J]. Eng. Fract. Mech., 2020, 224: 106775.

[112] Morel S, Dourado N, Valentin G, et al. Wood: a quasibrittle material. R-curve behavior and peak load evaluation [J]. Int. J. Fract., 2005, 131: 385-400.

[113] Morel S, Dourado N. Size effect inquasibrittle failure: analytical model and numerical simulations using cohesive zone model [J]. Int. J. Solids Struct., 2011, 48: 1403-1412.

[114] Morel S, Lespine C, Coureau J L, et al. Bilinear softening parameters and equivalent LEFM R-curve in quasibrittle failure [J]. Int. J. Solids Struct., 2010, 47: 837-50.

[115] Morel S, Mourot G, Schmittbuhl J. Influence of the specimen geometry on R-curve behavior and roughening of fracture surfaces [J]. Int. J. Fract., 2003, 121: 23-42.

[116] Murata K, Nagai H, Nakano T. Estimation of width of fracture process zone in spruce wood by radial tensile test [J]. Mech Mater, 2011, 43 (7): 389-396.

[117] Nagai H, Murata K, Nakano T. Strain analysis of lumber containing a knot during tensile failure [J]. Journal of Wood Science, 2011, 57 (2): 114-118.

[118] Nairn J A. Material point simulation of transverse fracture in wood with realistic morphologies [J]. Holzforschung, 2007a, 61: 375-381.

[119] Nairn J A. A numerical study of the transverse modulus of wood as a function of grain orientation and properties [J]. Holzforschung, 2007b, 61: 406-413.

[120] Nairn J A. Numerical modelling of deformation and fracture of wood including heterogeneity and anisotropy [J]. Cost Action 35 Lausanne, 2017c, 5: 21-23.

[121] Nasir V, Ayanleye S, Kazemirad S, et al. Acoustic emission monitoring of wood materials and timber structures: A critical review [J]. Construction and Building Materials, 2022, 350.

[122] Ni Q Q, Iwamoto M. Wavelet transform of AE signals in failure of model composites [J]. Eng. Fract. Mech., 2002, 69: 717-728.

[123] Nizolek T J, Begley M R, McCabe R J, et al. Strain fields induced by kink band propagation in Cu-Nb nanolaminate composites [J]. Acta. Mater., 2017, 133: 303-315.

[124] Ohuchi T, Hermawan A, Fujimoto N. Basicstudiesonfracture toughness of Sugi and acoustic emission [J]. J. Fac. Agric., 2011, 1: 99-102.

[125] Pan B, Qian K, Xie H, et al. Two-dimensional digital image correlation for in - plane displacement and strain measurement: a review [J]. Measurement Science and Technology, 2009, 20 (6): 1-17.

[126] Peters W H, Rason W F, Sutton M A. Application of digital correlation methods to rigid body mechanics [J]. OpticalEngmeering, 1983, 22 (6): 738 - 742.

[127] Petterson R W, Bodig J. Prediction of fracture toughness of conifers [J]. Wood Fiber Sci., 1983, 15: 302-316.

[128] Planas J, Elices M, Guinea G V, et al. Generalizations and specializations of cohesive crack models [J]. Engng. Fract. Mech., 2003, 70: 1759-76.

[129] Pop O, Meite M, Dubois F, et al. Identification algorithm for fracture parameters by combining DIC and FEM approaches [J]. Int. J. Fract., 2011, 170: 101-114.

[130] Porter A W. On the machanics of fracture in wood [J]. Forest Products Journal, 1964, 14 (8): 325-331.

[131] Reiterer A, Burgert I, Sinn U, et al. The radial reinforcement of the wood structure and its implication on mechanical and fracture mechanical properties a comparison between two tree species [J]. Journal of Materials Science, 2002, 37 (5): 935-940.

[132] Reiterer A, Sinn G. Fracture behaviour of modified spruce wood: a study using linear and non linear fracture mechanics [J]. Holzforschung, 2002, 56: 191-198.

[133] Reiterer A, Stanzl-Tschegg SE, Tschegg EK. Mode I fracture and acoustic emission of softwood and hardwood [J]. Wood Sci. Technol., 2000, 34: 417-430.

[134] Riahia H, Moutou P R, Duboise F, et al. Mixed-mode fracture analysis combining mechanical, thermal and hydrological effects in anisotropic and orthotropic material by means of invariant integrals [J]. Theoret Appl. Fract. Mech., 2016, 85: 424-434.

[135] Schachner H, Reiterer A, Stanzl-Tschegg SE. Orthotropic fracture toughness of wood [J]. J. Mater. Sci. Lett., 2000, 19 (20): 1783-1785.

[136] Schniewind A P. Fracture toughness and duration of load factor. Ⅱ. Duration factor for cracks propagating perpendicular to grain [J]. Wood Fiber Sci., 1977, 9: 216-226.

[137] Schniewind A P, Centeno JC. Fracture toughness and duration of load factor. I. Six principal systems of crack propagation and the duration factor for cracks propagating parallel to grain [J]. Wood Fiber, 1973, 5 (2): 152-158.

[138] Schniewind A P, Lyon DE. Tensile strength of redwood dimension lumber I Relation to

grade and working stress [J]. Forest Prod. J., 1971, 21 (7): 45-49.

[139] Schniewind A P, Lyon D E. A fracture mechanics approach to the tensile strength perpendicular to grain of dimension lumber [J]. Wood Sci. Technol., 1973, 7: 45-59.

[140] Schniewind A P, Ohgama T, Aoki T, et al. Effect of specific gravity, moisture content, and temperature on fracture toughness of wood [J]. Wood Sci., 1982, 15 (2): 101-109.

[141] Schniewind A P, Pozniak A. On fracture toughness of Douglas-fir wood [J]. Eng. Fract. Mech., 1971, 2: 223-233.

[142] Sciammarella C, Sciammarella A, Federico M. Experimental mechanics of solids [M]. John Wiley & Sons, 2012.

[143] Sebera V, Pečnik J, Azinović B, et al. Wood-adhesive bond Ⅰoaded in mode Ⅱ: experimental and numerical analysis using elasto-plastic and fracture mechanics models [J]. Holzforschung, 2020, 75 (7): 655-667.

[144] Shen R, Qiu L, Zhao E, et al. Experimental study on frequency and amplitude characteristics of AE during the fracturing process of coal under the action of water [J]. Saf. Sci., 2019, 117: 320-329.

[145] Sippola M, Frühmann K. In situ longitudinal tensile tests of pine wood in an environmental scanning electron microscope [J]. Holzforschung, 2002, 56: 669-675.

[146] Smith I, Landis E, Gong M. Fracture and Fatigue in Wood [M]. New Jersey: John Wiley and Sons, 2003.

[147] Song H, Zhang H, Fu D, et al. Experimental study on damage evolution of rock under uniformand concentrated loading conditions using digital image correlation [J]. Fatigue Fract. Eng. Mater. Struct., 2013, 36 (8): 760-768.

[148] Stanzl-Tschegg S E, Ehart RJA, Tschegg EK. Fracture behaviour of glued wood laminate compounds [C]. //Proceedings of the 9th international conference on fracture, Sydney, Australia, 1997: 2417-2427.

[149] Stanzl-Tschegg S E, Filion L, Tschegg EK, et al. Strength properties and density of SO_2 polluted spruce wood [J]. Holz Roh Werkst, 1999, 57: 121-128.

[150] Stanzl-Tschegg S E, Navi P. Fracture behaviour of wood and its composites [J]. Holzforschung, 2009, 63: 139-149

[151] Stanzl-Tschegg S E, Tan D M, Tschegg EK. New splitting method for wood fracture characterization [J]. Wood Sci. Technol., 1995, 29: 31-50.

[152] Stanzl-Tschegg S E, Tschegg E K, Teischinger A. Fracture energy of spruce wood after different drying procedures [J]. Wood Fiber. Sci., 1994, 26: 467-478.

[153] Stanzl-Tschegg S E. Microstructure and fracture mechanical response of wood [J]. International Journal of Fracture, 2006, 139 (3-4): 495-508.

[154] Strojecki M, Łukomski M, Colla C, et al. Acoustic Emission as a Non-Destructive Method for Tracing Damage: From Laboratory Testing to Monitoring Historic Structures [J]. RILEM Bookseries, 2012, 6: 1131-1136.

[155] Svobodova E, Svoboda V. Possibilities of acoustic emission method for evaluation of char-

acteristic processes in wood [C] //Proceedings of the 30th European conference on acoustic emission testing & 7th international conference on acoustic emission. Granada, Spain, 2012: 1-9.

[156] Torres L, Saavedra K, Pincheira G, et al. Simulation of Mode I Interlaminar Damage of a GFRP Composite Using Cohesive Laws in the Framework of the Equivalent LEFM R-Curve and an Optimised Algorithm [J]. Polymers, 2021, 13 (9) : 1482-1482.

[157] Tschegg E K, Frühmann K, Stanzl-Tschegg SE. Damage and fracture mechanisms during mode Ⅰ and Ⅲ loading of wood [J]. Holzforschung, 2001, 55: 525-533.

[158] Tu J C, Zhao D, Zhao J, et al. Experimental study on crack initiation and propagation of wood with LT-type crack using digital image correlation (DIC) technique and acoustic emission (AE) [J]. Wood. Sci. Technol. , 2021, 55, 1577-1591.

[159] Valentin G, Morlier P. A criterion of crack propagation in timber [J]. Mater. Struct, 1982, 15: 88-95.

[160] Van der Put. A new fracture mechanics theory for orthotropic materials like wood [J]. Eng. Fract. Mech. , 2007, 74: 771-781.

[161] Varner D, Cerny M, Varner M, et al. Possible sources of acoustic emission during static bending test of wood specimen [J]. ACTA Univ Agric Mendelianae Brun LX, 2012: 199-206.

[162] Vasic S, Ceccotti A, Smith I, et al. Deformation rates effects in softwoods. Crack dynamics with lattice fracture modelling [J]. Eng. Fract. Mech. , 2009, 76 (9): 1231-1246.

[163] Vasic S, Smith I. Bridging crack model for fracture of spruce [J]. Eng. Fract. Mech. , 2002, 69: 745-760.

[164] Vasic S, Smith I, Landis E. Fracture zone characterization-micro-mechanical study [J]. Wood Fiber Sci. , 2002, 34: 42-56.

[165] Vasic S, Stanzl-Tschegg S. Experimental and numerical investigation of wood fracture mechanisms at different humidity levels [J]. Holzforschung, 2007, 61: 367-374.

[166] Vasic S, Stanzl-Tschegg S. Softwood/hardwoods fracture at different humidity levels: ESEM in-situ real time experiments [J]. Holzforschung, 2007, 61: 367-374.

[167] Wang D, Lin L Y, Fu F, et al. The softwood fracture mechanisms at the scales of the growth ring and cell wall under bend loading [J]. Wood Sci. Technol. , 2019, 53 (6): 1295-1310.

[168] Wang Q Z. Asandwich three-point bend specimen fortesting mode-I interlaminar fracture toughness for fiber-reinforced composite materials [J]. International Journal of Fracture, 1997, 85 (3): 231-240.

[169] Watanabe K, Shida S, Ohta M. Evaluation of end-check propagation based on mode I fracture toughness ofsugi (Cryptomeria japonica) [J]. Journal of Wood Science, 2011 57 (5): 371-376.

[170] Wei J, Wang H, Lin B, et al. AE signal of fiber-reinforced composite grinding: Frequency components and damage pattern recognition [J]. Int. J. Adv. Manuf. Technol. ,

2019, 103: 1391-1401.

[171] Wildemann V E, Spaskova E V, Shilova A I. Research of the Damage and Failure Processes of Composite Materials Based on Acoustic Emission Monitoring and Method of Digital Image Correlation [J]. Solid State Phenomena, 2015, 243: 8.

[172] Wu E M. Application of fracture mechanics to anisotropic plates [J]. Journal of Applied Mechanics, 1967, 34 (4): 967-974.

[173] Yates J R, Zanganeh M, Tai Y H. Quantifying crack tip displacement fields with DIC [J]. Eng. Fract. Mech., 2010, 77: 2063-2076.

[174] Yoshihara H, Satoh A. Shear and crack tip deformation correction for the double cantilever beam and three-point-end-notched flexure specimens for mode Ⅰ and mode Ⅱ fracture toughness measurement of wood [J]. Eng. Fract. Mech., 2009, 76: 335-346.

[175] Yu Y, Zeng W H, Liu W, et al. Crack Propagation and Fracture Process Zone (FPZ) of Wood in the Longitudinal Direction Determined Using Digital Image Correlation (DIC) Technique [J]. Remote Sens (Basel), 2019, 11 (13): 1599.

[176] Zhang H, Fu D H, Song H P, et al. Damage and fracture investigation of three-point bending notched sandstone beams by DIC and AE techniques [J]. Rock Mechanics and Rock Engineering, 2015, 48 (3): 1297-1303.

[177] Zhang M L, Li J Q, Xu J L, et al. Wood acoustic emission signals classification based on pseudospectrum and entropy [J]. Journal of Physics: Conference Series, 2021, 2005 (1): 012005.

[178] Zhang M, Zhang Q, Li J, et al. Classification of AE signals in wood damage and fracture process based on empirical mode decomposition, discrete wavelet transform methods, and selected features [J]. J. Wood Sci., 2021, 67: 59.

[179] Zhao Q, Zhao D, Zhao J. Thermodynamic Approach for the Identification of Instability in the Wood Using Acoustic Emission Technology [J]. Forests, 2020, 11 (5): 523.

[180] Zhong W, Deng Z, Wei Q, et al. Multi-scale numerical analysis on failure behavior of wood under different speed loading conditions [J]. China Measurement & Test, 2016, 42 (10): 79-84.

[181] Zhong W, Zhang Z, Chen X, et al. Multi-scale numerical analysis on failure behavior of wood under different speed loading conditions [J]. China Meas. Test, 2016, 42: 79-84.

[182] Zhou Z, Chen P, Duan Z, et al. Study on fracture behavior of a polymer-bonded explosive simulant subjected to uniaxial compression using digital image correlation method [J]. Strain, 2012, 48 (4): 326-332.

[183] Zink A G, Hanna R B, Stmokas J W. Measurement of Poissons ratios for yellow - poplar [J]. Forest Product Journal, 1997, 47 (3) : 78 -80.

[184] Zink A G, Pellicane P J, Anthony R W. A stress transformation approach to predicting the failure mode of wood [J]. Wood Sci. Technol., 1995, 30: 21-30.

[185] Zink A G, Pellicane P J, Shuler C E. Ultrastructural analysis of softwood fracture surfaces [J]. Wood Sci. Technol., 1994, 28: 329-338.

附录 A

VUMAT 子程序相关程序实现

```
subroutine vumat(
! Read only (unmodifiable)variables-
    1  nblock,ndir,nshr,nstatev,nfieldv,nprops,lanneal,
    2  stepTime,totalTime,dt,cmname,coordMp,charLength,
    3  props,density,strainInc,relSpinInc,
    4  tempOld,stretchOld,defgradOld,fieldOld,
    5  stressOld,stateOld,enerInternOld,enerInelasOld,
    6  tempNew,stretchNew,defgradNew,fieldNew,
! Write only (modifiable) variables-
    7  stressNew,stateNew,enerInternNew,enerInelasNew)

      include 'vaba_param.inc'

      dimension props(nprops),density(nblock),coordMp(nblock,* ),
    1  charLength(nblock),strainInc(nblock,ndir+nshr),
    2  relSpinInc(nblock,nshr),tempOld(nblock),
    3  stretchOld(nblock,ndir+nshr),
    4  defgradOld(nblock,ndir+nshr+nshr),
    5  fieldOld(nblock,nfieldv),stressOld(nblock,ndir+nshr),
    6  stateOld(nblock,nstatev),enerInternOld(nblock),
    7  enerInelasOld(nblock),tempNew(nblock),
    8  stretchNew(nblock,ndir+nshr),
    9  defgradNew(nblock,ndir+nshr+nshr),
    10  fieldNew(nblock,nfieldv),
    1  stressNew(nblock,ndir+nshr),stateNew(nblock,nstatev),
    2  enerInternNew(nblock),enerInelasNew(nblock)
!
```

```
      character* 80 cmname
      parameter(zero=0.d0,half=0.5d0,two=2.d0,one=1.d0)
      dimension cfull(3,3),cdfull(3,3)
       dimensionstrainOld(nblock,ndir+nshr),strainNew(nblock,ndir+
nshr)
      real* 8kn,ks,kt

  ! 材料属性
      ft=props(1)
      fb=props(2)
      wb=props(3)
      wc=props(4)
      wt=props(5)
      xk=ft/wt! 界面刚度

      do 100km=1,nblock
         do i=1,ndir+nshr
           strainOld(km,i)=stateOld(km,i)
         enddo
      ! 初始化应变
         do i=1,ndir+nshr
           strainNew(km,i)=strainOld(km,i)+strainInc(km,i) ! 更新应变
         enddo
      ! 初始化刚度矩阵
         do i=1,ndir+nshr
             do j=1,ndir+nshr
               cfull(i,j)=zero
               enddo
         enddo
      ! 无损刚度矩阵
         cfull(1,1)=xk
         cfull(2,2)=xk
         cfull(3,3)=xk
      ! 无损应力
         do i=1,ndir+nshr
             stressNew(km,i)=zero
             do j=1,ndir+nshr
               stressNew(km,i)=stressNew(km,i)
     1          +cfull(i,j)* strainNew(km,j)
```

```
          enddo
       enddo
     delta=strainNew(km,1)
   ! 计算损伤
    if(delta.le.wt)then
       damage=zero
    elseif(delta.lt.wb)then
       damage=1.-((fb-ft)/(wb-wt)* (delta-wt)+ft)/xk/delta
    elseif(delta_max.lt.wc)then
       damage=1.-((0.-fb)/(wc-wb)* (delta-wb)+fb)/xk/delta
    else
       damage=1.
    endif
    stateNew(km,4)=max(damage,stateOld(km,4))
    damage=stateNew(km,4)
!     --------------损伤应力--------------
!     初始化损伤刚度矩阵
       do i=1,ndir+nshr
          do j=1,ndir+nshr
            cdfull=zero
          enddo
        enddo
!    更新损伤刚度矩阵
       do i=1,ndir+nshr
        cdfull(i,i)=cfull(i,i)* (one-damage)
    enddo
    if(strainNew(km,1).lt.zero)then
      cdfull=cfull
    endif

!    更新损伤应力
       do i=1,ndir+nshr
          stressNew(km,i)=zero
          do j=1,ndir+nshr
            stressNew(km,i)=stressNew(km,i)
   1          +cdfull(i,j)* strainNew(km,j)
          enddo
   enddo
! 更新状态变量
```

```
   stateNew(km,1)=strainNew(km,1)
   stateNew(km,2)=strainNew(km,2)
   stateNew(km,3)=strainNew(km,3)
! 控制网格删除
     if(stateNew(km,4).ge.one)then
       stateNew(km,5)=zero
     else
       stateNew(km,5)=one
     endif

100  continue
     return
     end
```

附录 B

木试件峰值频率区间

表　各试样峰值频率区间　　　　单位：kHz

试件名称	微裂隙损伤		胞壁屈曲与塌溃		层间开裂		纤维断裂		纤维拔出	
	上限	下限	上限	下限	上限	下限	上限	下限	上限	下限
S0	32	80	103	135	150	200	255	280	480	500
S1	35	75	105	140	155	204	264	294	478	500
S2	30	79	110	140	159	197	270	295	473	498
S3	32	76	112	132	159	203	255	290	471	500
S4	30	74	114	131	151	204	262	291	483	495
S5	35	74	113	138	159	197	260	281	484	496
S6	30	72	113	139	159	205	266	288	476	497
S7	40	80	113	131	153	202	263	293	480	499
S8	35	73	107	135	152	204	251	282	478	497
S9	31	73	112	131	153	196	253	290	484	497
S10	34	76	102	136	158	200	258	283	484	496
S11	30	71	105	140	154	202	254	291	482	496
S12	36	77	106	131	155	197	257	290	477	498
S13	35	77	109	131	156	202	256	293	481	499
S14	30	76	101	130	160	205	256	287	479	499
S15	30	75	109	134	151	201	270	289	477	497
S16	40	75	106	137	152	200	253	291	485	498
S17	35	75	100	133	151	205	265	290	483	500
S18	36	71	101	133	152	197	252	285	481	498
S19	36	80	106	130	157	202	250	286	475	499

续表

试件名称	微裂隙损伤		胞壁屈曲与塌溃		层间开裂		纤维断裂		纤维拔出	
	上限	下限	上限	下限	上限	下限	上限	下限	上限	下限
D0	25	80	95	140	155	200	250	340	/	/
D1	20	65	104	133	165	203	251	329	/	/
D2	30	73	103	129	157	200	253	335	/	/
D3	29	74	104	132	160	200	252	337	/	/
D4	20	79	102	134	157	200	256	335	/	/
D5	28	67	102	140	161	205	260	332	/	/
D6	27	71	102	130	165	201	250	337	/	/
D7	29	73	102	125	162	204	252	335	/	/
D8	25	71	100	134	161	204	251	328	/	/
D9	29	76	103	129	158	200	260	327	/	/
D10	21	65	104	140	157	204	254	330	/	/
D11	22	69	100	133	163	203	260	335	/	/
D12	20	66	102	137	158	203	259	339	/	/
D13	29	65	102	126	163	203	256	332	/	/
D14	24	70	102	139	163	201	251	339	/	/
D15	25	70	101	130	159	202	256	336	/	/
D16	20	70	103	125	159	201	259	329	/	/
D17	27	73	101	128	165	205	252	329	/	/
D18	21	71	104	136	162	200	253	326	/	/
D19	25	76	105	138	159	205	259	333	/	/
U0	30	73	110	119	167	203	270	328	/	/
U1	35	73	110	118	169	203	278	328	/	/
U2	34	65	111	116	168	205	271	333	/	/
U3	32	71	114	119	165	200	274	328	/	/
U4	31	65	110	117	162	201	277	329	/	/
U5	40	75	112	117	170	201	282	336	/	/
U6	40	66	112	119	167	204	279	329	/	/
U7	34	74	115	118	163	205	271	330	/	/
U8	40	66	115	115	160	200	280	328	/	/
U9	35	75	114	120	163	204	275	338	/	/
U10	40	66	113	115	165	203	273	335	/	/
U11	38	70	113	120	162	202	276	334	/	/

续表

试件名称	微裂隙损伤		胞壁屈曲与塌溃		层间开裂		纤维断裂		纤维拔出	
	上限	下限	上限	下限	上限	下限	上限	下限	上限	下限
U12	35	66	113	115	163	202	273	325	/	/
U13	31	69	110	117	169	204	270	328	/	/
U14	38	71	112	118	160	202	274	337	/	/
U15	34	70	111	115	169	200	284	328	/	/
U16	30	71	112	119	170	201	279	334	/	/
U17	33	72	114	120	160	204	270	335	/	/
U18	38	74	113	115	168	203	280	331	/	/
U19	40	68	114	115	160	200	272	327	/	/
T0	45	64	125	138	158	207	256	285	475	495
T1	38	66	130	137	158	205	257	284	483	496
T2	43	67	124	138	154	207	256	279	482	499
T3	35	70	125	136	152	209	250	280	490	496
T4	45	66	121	136	158	210	259	281	482	498
T5	38	67	130	140	160	209	257	284	479	496
T6	45	68	126	139	155	207	252	285	478	497
T7	45	70	120	138	152	206	259	283	482	497
T8	38	62	124	135	150	205	258	279	477	499
T9	44	67	129	135	159	209	253	283	475	498
T10	38	61	125	136	157	207	255	279	478	500
T11	41	66	125	137	153	210	257	275	477	498
T12	36	68	121	136	153	205	251	276	477	500
T13	44	63	121	139	156	205	256	283	483	495
T14	35	69	123	139	156	206	257	282	483	497
T15	40	66	128	135	156	210	252	275	475	496
T16	42	64	125	139	151	205	255	277	477	499
T17	45	70	121	139	152	205	255	283	485	497
T18	38	68	130	138	159	206	260	284	481	497
T19	36	62	121	139	156	206	256	276	485	499

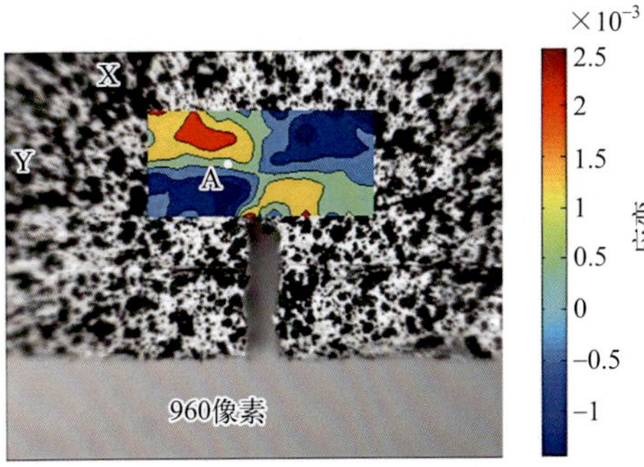

(a) 100s

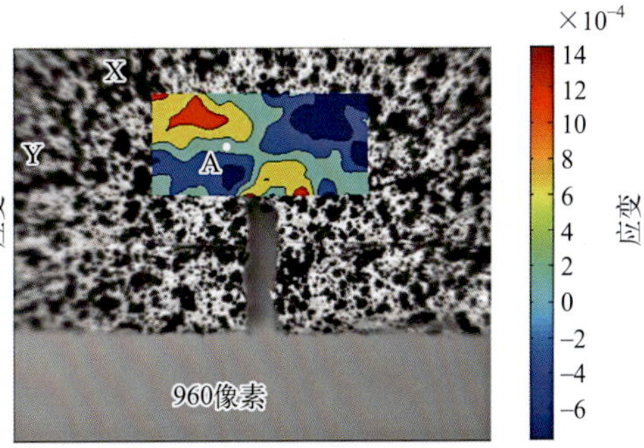

(b) 150s

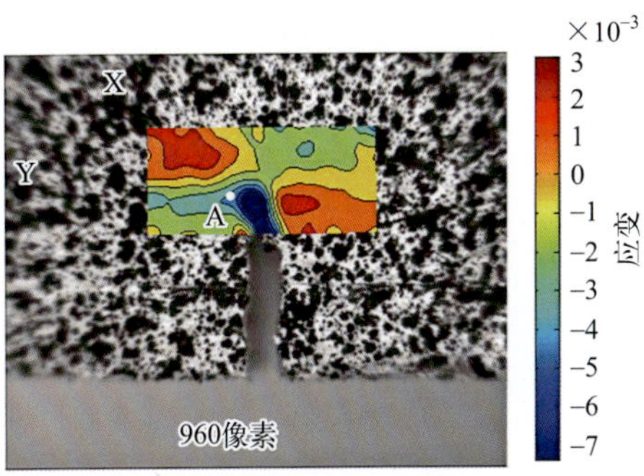

(c) 200s

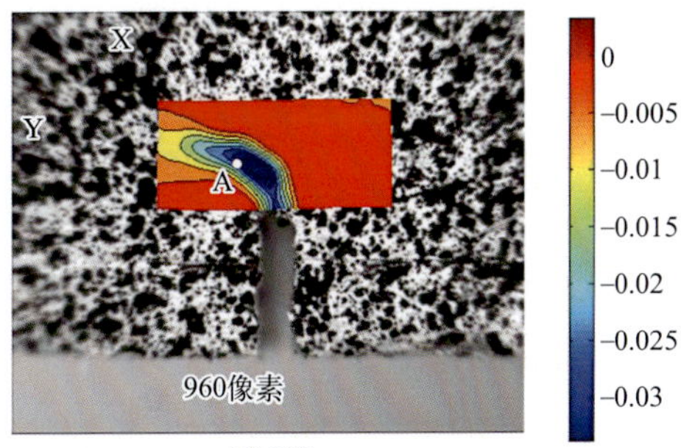

(d) 250s

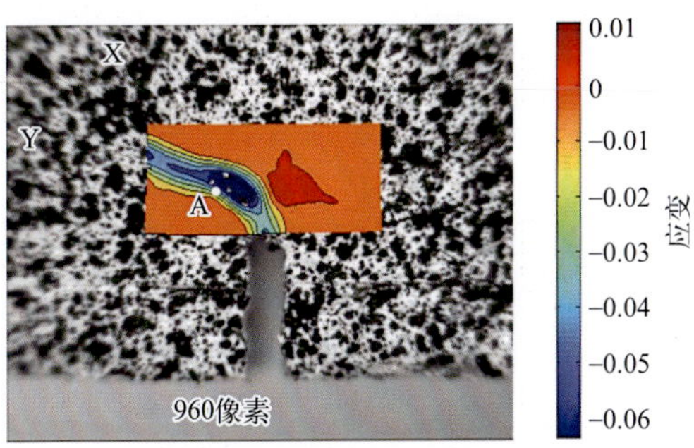

(e) 300s

图 2.7 木试件表面应变云图

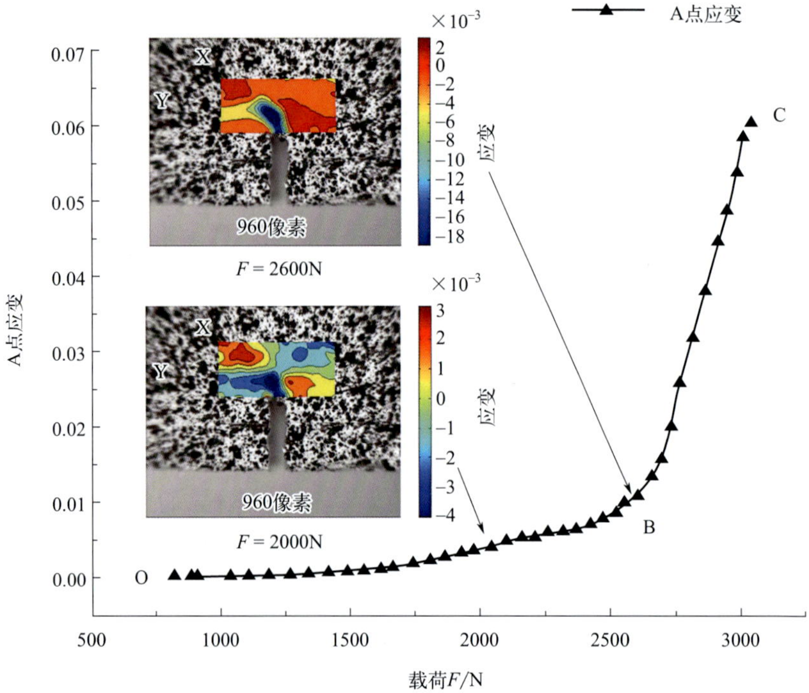

图 2.8　试件 A 点位置处木梁表面相对变形

O—B 弹性阶段；B—C 应变突变阶段；B 点为应变变化拐点

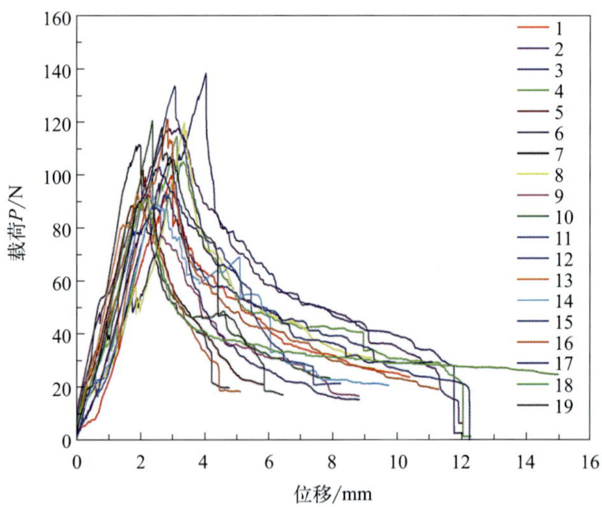

图 4.9　DCB 试样载荷-位移曲线